分位数回归模型中的渐变变点问题及其应用

周小英 著

吉林大学出版社
长春

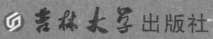

图书在版编目(CIP)数据

分位数回归模型中的渐变变点问题及其应用 / 周小英著. -- 长春 ：吉林大学出版社，2020.8

ISBN 978-7-5692-6954-3

Ⅰ. ①分… Ⅱ. ①周… Ⅲ. ①自回归模型－研究 Ⅳ. ①O212.1

中国版本图书馆 CIP 数据核字(2020)第 165861 号

书　　名　分位数回归模型中的渐变变点问题及其应用
FENWEISHU HUIGUI MOXING ZHONG DE JIANBIAN BIANDIAN WENTI JI QI YINGYONG

作　　者　周小英　著
策划编辑　吴亚杰
责任编辑　吴亚杰
责任校对　刘守秀
装帧设计　王茜
出版发行　吉林大学出版社
社　　址　长春市人民大街 4059 号
邮政编码　130021
发行电话　0431－89580028/29/21
网　　址　http://www.jlup.com.cn
电子邮箱　jdcbs@jlu.edu.cn
印　　刷　香河县宏润印刷有限公司
开　　本　787mm×1092mm　1/16
印　　张　10.5
字　　数　200 千字
版　　次　2021 年 8 月　第 1 版
印　　次　2021 年 8 月　第 1 次
书　　号　ISBN 978-7-5692-6954-3
定　　价　65.00 元

前　言

本书致力于探索单变点和多变点的逐段连续线性回归模型,研究模型中变点的存在性、变点的个数以及参数的估计与统计推断问题。变点问题于 20 世纪 50 年代提出以来,除了最早在工业上的应用,在经济金融、流行病学,生物医学、人工智能和环境科学等其他领域也有非常广泛的应用。基于回归模型的变点问题近年来得到广泛的发展和应用。利用当代统计方法对变点问题进行研究尤为重要,研究主要集中在两方面:一是变点个数的确定,二是变点参数的估计与统计推断。在回归模型设置中,根据回归函数在变点处是否连续,可将变点分为连续变点或者不连续变点。本书探讨的是分位数框架下,某个协变量存在单个或者多个变点的回归模型。我们考虑的是连续型的变点,研究模型中变点的个数及参数估计与统计推断问题。本书的研究内容和结论如下:

第 2 章基于一个简单的线性化技巧,对单个变点的逐段连续线性分位数回归模型提出一种新的估计方法。该方法可以同时估计变点参数和回归系数,并可以通过标准线性分位数回归模型的理论和 delta 技巧构造出估计量的区间估计。大量的数值模拟结果验证了本章所提估计方法的有效性。同时,我们还将本章模型和估计方法应用到两个实际数据的分析中。

第 3 章考虑的也是单变点的逐段连续线性分位数回归模型。在第 2 章中,我们采用线性化技巧对模型中的参数提出全新的估计方法。虽然基于线性技巧的估计方法能够同时估计出回归系数和变点参数,但是该方法有低估变点的缺点。所以第 3 章基于一个光滑化技巧对单变点的逐段连续线性分位数回归模型提出一个全新的估计方法,并给出了估计量相合性和渐近正态性的理论证明。同时,我们提出拟似然比统计量用于检测模型中变点的存在性。数值模拟和实证分析均表明本章方法是有效可行的。

第 4 章研究的模型是前两章模型的一个推广,即多个变点的逐段连续线性分位数回归模型。首先,我们在假定已知变点数目的情况下,通过 bent-cable 光滑化技巧，对模型的变点参数和回归系数提出估计方法，建立了该估计量的渐近性理论，并给出了证明。其次，我们提出修正的 wild binary segmentation 算法用于确定模型中变点的个数，该算法易于理解，且具有较低的计算复杂度。大量的数值模拟结果表明本章的估计方法具有有效的大样本性质，以及本章所提的变点检测算法是可行的。最后，我们将本章的模型、变点检测方法和参数估计方法应用于分析两个实际数据。

在第 5 章中，我们将第 2 章基于分位数框架下的研究方法推广到单个变点的逐段连续线性 expectile 回归模型。基于线性化技巧对折线 expectile 回归模型提出一个新的估计算法，并基于标准线性 expectile 回归模型的理论和 delta 方法构建了估计量的区间估计。该估计算法由当前的软件很容易实现。数值模拟和实际数据分析均表明本章所提估计方法的有效性。

周小英

2020 年 6 月

目　　录

第 1 章 绪论

1.1 研究背景

1.1.1 变点问题

变点问题分析是一个有意义的研究热点。最早由 Page(1954)[1]用于研究工业生产线上产品质量的检测问题。在人们对生产的产品进行质量检测时,希望当产品质量超过控制线时能及时发出警报,以保证产品的质量。这个产品质量触发警报的时刻就是我们要研究的变点。自 20 世纪 50 年代以来,变点的统计分析一直是统计学前沿研究的热点。变点问题如此受学者的关注,不仅因为其可以应用于工业上的质量控制,而且还可以大量应用于其他领域。比如,在经济金融领域,当股票市场、借贷行为或者政府政策发生改变时,变点问题分析是一种可以调查经济变量是否发生结构性变化的有效方式。在生物医学家对传染病的研究中,人们希望清楚掌握传染病在经过某段时间后其传染率是否保持不变,如果发生过改变,则希望估计出传染率发生变化的时刻,以便更好地控制疫情,而变点模型就是常用的工具。在人工智能领域,当下流行的图像识别和模式识别等均是变点现象的表现。在探索矿产资源时,不同的地形和不同的矿产资源所对应的地质数据有明显的不同,这样地理学家们可以根据数据信息对不同的地貌地形和不同的资源采取不同的开采方式,做到安全、高效地生产。在全球气候研究中,变点模型在研究温度变化方面是十分有用的。再比如生物学家在研究动物体重与最大奔跑速度的关系时,可通过变点模型建模分析体重大的动物是否跑得更快,是否更具生存竞争力。

由于变点问题广泛应用于金融学、经济学、生物学、流行病学和医学等领域的研究，因此运用现代统计方法对其研究具有十分深远的意义。为了深入研究变点问题，首先介绍变点问题的两种提法：一种是经典的随机变量分布中的变点问题，另一种是回归模型中的变点问题。

经典的随机变量分布中的变点问题，描述的是在一列随机变量中，前面的随机变量和后面的随机变量的分布是不相同的。具体如下：假设 $X_1,X_2,\cdots,X_n$ 是一个分别服从分布函数为 $F_1,F_2,\cdots,F_n$ 的随机变量序列，F^0 和 F^1 是两个概率分布函数且满足 $F^0\neq F^1$。若存在某个未知的正整数 k，其中 $0<k<n$，使得

$$F_i=\begin{cases}F^0,i\leqslant k,\\F^1,i>k,\end{cases}$$

那么称 k 为随机变量序列 $X_1,X_2,\cdots,X_n$ 的一个变点。这是单个变点的情况，更一般地，可以推广到多个变点。目前，已有很多学者研究了经典的随机变量分布中的变点问题，比如 Yao 与 Davis(1986)[2]，陈希孺(1988)[3]，Kokoszka 与 Leipus (1998)[4]，Wang 与 Bhatti(1998)[5]，谭智平与缪柏其(2001)[6]，缪柏其等[7]，等等。

另一种是回归模型中的变点问题。这类变点问题描述的是回归模型中的某个协变量存在单个或者多个变点的效应，其中协变量可为随机或非随机的，其介绍如下。

(1)当协变量为随机变量时：假设 $\{(X_i,Y_i)\}_{i=1}^n$ 是一组随机变量，满足回归模型

$$Y_i=\begin{cases}f_1(X_i,\alpha_1)+\varepsilon_1,t_0\leqslant X_i<t_1,\\f_2(X_i,\alpha_2)+\varepsilon_2,t_1\leqslant X_i<t_2,\\\cdots\cdots\\f_m(X_i,\alpha_m)+\varepsilon_m,t_{m-1}\leqslant X_i<t_m,\end{cases}\tag{1.1}$$

其中 $\alpha_1,\alpha_2,\cdots,\alpha_m$ 是常数，$\varepsilon_1,\varepsilon_2,\cdots,\varepsilon_m$ 是独立同分布的随机误差项。当满足 $f_j(X_i,\alpha_j)\neq f_{j+1}(X_i,\alpha_{j+1})$，则称 t_j 为回归模型(1.1)的变点。

(2)当协变量为非随机变量时：设 $\{y_i\}_{i=1}^n$ 是一组随机变量，$\{x_i\}_{i=1}^n$ 是一组非随机变量(为了方便，不妨假设 $a\leqslant x_1,x_2,\cdots,x_n\leqslant b$)，满足回归模型

$$y_i=\begin{cases}f_1(x_i,\alpha_1)+\varepsilon_1,1\leqslant i<k_1,\\f_2(x_i,\alpha_2)+\varepsilon_2,k_1\leqslant i<k_2,\\\cdots\cdots\\f_m(x_i,\alpha_m)+\varepsilon_m,k_{m-1}\leqslant i<n,\end{cases}\tag{1.2}$$

其中 $\alpha_1,\alpha_2,\cdots,\alpha_m$ 是常数，$\varepsilon_1,\varepsilon_2,\cdots,\varepsilon_m$ 是独立同分布的随机误差项。当满足

$f_j(x_i,\alpha_j) \neq f_{j+1}(x_i,\alpha_{j+1})$时，则称$k_j$为回归模型(1.2)的变点。

这两种基于回归模型的变点问题我们通常不加以区分，统称为分段回归模型。特别地，当回归函数$f_j(X_i,\alpha_j)$和$f_j(x_i,\alpha_j)$是关于参数α_j的线性函数时，则称为分段线性回归模型。目前已有大量的文献研究是关于分段回归模型的，且在各领域得到广泛的应用，比如金融经济学(Chow，1960[8]；Zeileis，2006[9])、生物学(Bailer与Piegorsch，1997[10])、流行病学(Pastor与Guallar，1998[11])、医学(Smith与Cook，1980[12]；Muggeo，2003[13])、环境科学(Toms与Lesperance，2003[14])；Piegorsch与Bailer，2005[15])等等。

本书讨论的是基于回归模型的变点问题。变点作为模型中未知的参数，用现代统计方法研究其估计与统计推断问题具有重要的意义。关于变点问题的研究主要集中在以下三个方面：

(1)检测模型中变点的存在性；

(2)确定模型中变点的个数；

(3)估计模型中的参数，包括变点参数，研究估计量的统计性质，如相合性、收敛速度和渐近分布理论等等。

1.1.2　研究动机

经典线性回归模型作为回归模型中最简单的模型，是统计学的一个重要分支，用来描述一个响应变量与一个或多个解释变量之间的关系。通常认为，线性回归模型的回归系数在整个数据集中是保持不变的。但事实并非如此。比如，研究对数形式下成年哺乳动物的最大奔跑速度(MRS)和体重(mass)之间的关系，见图1.1(a)，从图中可以看出，动物的最大奔跑速度随着体重的增加而加快，当体重增加超过某个水平后，动物的最大奔跑速度反而随着体重的增加而减慢；又如在探讨各国供电质量与人均GDP的关系时，见图1.1(b)，我们发现国内人均生产总值先是随着电力质量的提高而缓慢增长，但是当电力质量超过某个值时，国内人均生产总值随着电力质量的提高而迅猛提高。更多变点现象可见图1.1(c)中不同年龄阶段的银行卡或信用卡持有人受欺诈的比例和图1.1(d)中关于全球地表温度变化的现象。通过上述几个例子，我们发现传统的线性回归模型不再满足实际应用中的复杂的非线性数据，而分段线性回归模型是不错的选择。因此分段线性回归模型被广大学者所研究。

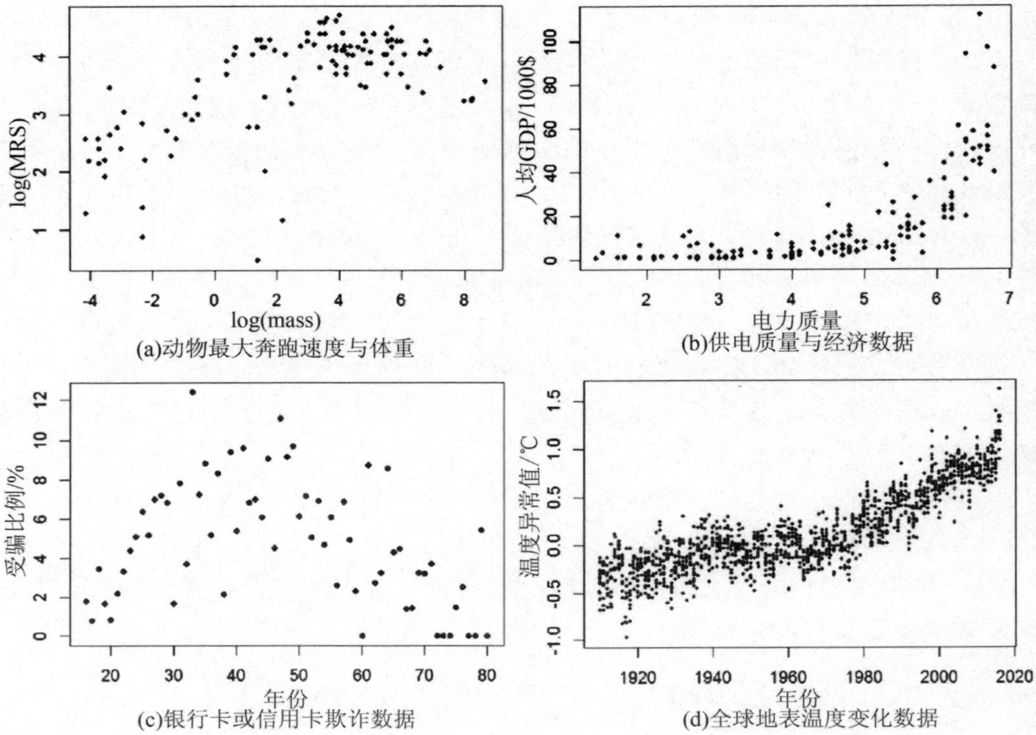

图 1.1 实际应用中的变点现象

最小二乘估计是线性回归模型最基本的估计方法，应用也最为广泛。基于最小二乘估计的线性回归模型是对响应变量的条件期望函数来建模的，在误差项的正态性假设下，最小二乘估计具有最优线性无偏估计、计算易操作的优点。已有不少文章是基于最小二乘估计来研究分段线性回归模型，我们将在下一节对其详细介绍。然而，误差项的正态性假设在实际数据中常常得不到满足。例如当数据存在尖峰、厚尾的情况，或者存在严重的异方差时，对误差正态性假设会造成错误的模型设定，最小二乘估计也将不再有上述优点，这对解决问题是没有任何帮助的。最小二乘估计对于异常值的处理效果是极其糟糕的。此外，在一些应用中，我们不仅对响应变量的条件期望有兴趣，对其不同的分位数信息更感兴趣。比如图 1.1(a)中介绍的成年哺乳动物的体重与最大奔跑速度的例子，我们感兴趣的是在给定动物体重的条件下，那些跑得快的动物群体。但是基于最小二乘估计的线性回归模型只能得到一条回归直线，它所能反映的响应变量的信息是有限的。因此，需要更好的回归模型来弥补均值回归模型的缺点。分位数回归模型是近年发展起来的一种统计模型，应用条件宽松，能挖掘更丰富的信息量，对传统的均值回归模型做了补充和拓展。线性分位数回归模型构建的是一个或多个解释变量与响应变量的分位数之间的线性关系。这样得到响应变量所有分位数下的回归模型，所以分位数回归模型能够更加全面地描述响应变量条件分布的全貌。此外，与最小二乘估计相比，分位数模型的估计结果对异常值表现更加稳健，且对误差项无需严苛的假设条件。

结合变点问题，研究分段线性回归模型就十分有意义。所以，本书研究的是线性分位数回归模型中的变点问题，或称分段线性分位数回归模型。下面我们将分别给出关于分段线性回归模型和分段线性分位数回归模型在国内外的研究现状。

1.2　研究现状

1.2.1　分段线性回归模型

分段线性回归模型最初由 Quandt（1958[16]，1960[17]）和 Chow（1960）[8] 提出来。随后，各领域学者对线性回归模型中的变点问题不断地进行研究。至今，基于不同的研究方法，已有大量的文献是关于分段线性回归模型的研究。主要的研究方法有：贝叶斯理论（Bacon 与 Watts，1971[18]；Ferreira，1975[19]；Smith 与 Cook，1980[12]；Fearnhead，2006[20] 等）、极大似然估计（Hinkley，1969[21]，1970[22]，1972[23]；Jandhyala 与 Fotopoulos，1999[24]；He 与 Severini，2010[25] 等）、最小绝对值估计（Caner，2002[26]）以及最小二乘估计。其中，最小二乘估计作为经典线性回归模型的参数估计方法颇受统计学家们的重视。随后我们将详细介绍基于最小二乘估计方法的分段线性回归模型的文献。在此之前，我们对线性回归模型中的变点类型做一个说明。Bhattacharya（1994）[27] 针对分段线性回归模型的回归函数在变点处是否连续将模型分为了两大类：一类是模型的回归函数在变点处是连续的，称为逐段连续线性回归模型，相应的变点称为连续变点；反之，另一类称为不连续分段线性回归模型，相应的变点称为不连续变点或跳跃变点。在随后的文献介绍中，我们会发现变点的类型对变点参数的统计推断有明显的影响。下面我们来介绍基于最小二乘估计方法的分段线性回归模型的相关文献，主要从变点的检测和参数的估计这两个方面来介绍。

在变点检测方面，Feder(1975a)[28]提出对数似然比统计量用于检验单变点逐段连续线性回归模型中变点的存在性，并在一些合适且可识别的条件下给出检验统计量的渐近分布理论。Chan(1990)[29]和 Chan 与 Tong(1990)[30]将对数似然比检验统计量拓展到分段自回归模型中，检测其变点的存在性，并证明对数似然比检验统计量的渐近零假设与连续参数高斯分布的最大值有关，但他们并没有给出零假设下检验统计量的临界值。对此，Chan(1991)[31]给出了求解零假设下检验统计量的临界值的方法。Bai(1999)[32]将似然比检验统计量推广到多分段线性回归模型中，证明了该统计量在零假设条件下的极限分布，并说明渐近临界值可以通过分析得到。Bai(1997)[33]对多元线性回归模型提出 sup-Wald 统计量用于检验模型中是否存在变点。Liu 与 Qian(2009)[34]对回归模型中的连续变点提出了经验似然比检验统计量。Lee 等(2011)[35]对回归模型中的变点检测提出一种通用的统计量，即 sup-似然比检验统计量，说明该检验统计量在零假设下的渐近分布是非标准的，并通过举例说明了该检验方法在极大值估计、极大似然估计、分位数回归和最大秩相关估计中均有效。与上述传统的检验统计量不同，蒋家坤等(2016)[36]利用当代变量选择的方法，对多变点分段线性回归模型提出了惩罚光滑的最小二乘估计方法，巧妙地检测模型中变点的个数。此外，也有学者研究了非随机协变量的变点检测问题，主要集中在时间序列数据的分析，具体可参考 Tong(1990)[37]、Andrews 与 Ploberger(1994)[38]、Hansen(1996[39]，2000[40])、Bai 与 Perron(1998)[41]、Cho 与 White(2007)[42]等的文献。

在参数估计方面，Hudson(1966)[43]假定已知单变点逐段连续线性回归模型中的变点参数，对其提出最小二乘估计，但是当变点参数未知时，模型中参数的估计仍需进一步探讨。Chan(1993)[44]证明在不连续分段自回归模型中最小二乘估计具有强相合性，并给出估计量的收敛速度，其中变点参数的收敛速度是 n 而其他回归系数的收敛速度是 $\sqrt{n}$ 。这里 $\rho_\tau(u)=u(\tau-I(u<0))$ 是样本容量。为了方便，本节中的 n 均表示样本容量。紧接着，Chan 与 Tsay(1998)[45]基于最小二乘准则研究了逐段连续线性自回归模型的估计问题，建立了估计量的渐近性理论，得出模型中的回归系数和变点参数的收敛速度都是 $\sqrt{n}$ 。随后，Li 与 Ling(2012)[46]将 Chan(1993)[44]和 Chan 与 Tsay(1998)[45]的估计理论推广到多变点的分段自回归模型，对最小二乘估计量得到类似的结论：当变点为不连续时，变点参数的收敛速度是 n ，而剩余参数的收敛速度是 $\sqrt{n}$ 。Bai(1997)[33]对多元回归模型利用 sup-Wald 统计量确定模型中的变点位置，随后，采用最小二乘方法估计模型中的回归

参数,并给出估计量的相合性、收敛速度和渐近分布理论。上述关于参数估计的文献中,要么在给定变点参数条件下对模型中其他参数进行估计,要么给出分段线性回归模型中最小二乘估计的理论。但是在实际操作中,对变点估计却不是一件容易的事。正如 Feder(1975b)[47]所指,经典最小二乘估计方法不能直接应用到逐段连续线性回归模型中。这是因为变点的存在,使得模型的残差平方和在计算上无法直接进行最小化。对此,他提出采用局部光滑的函数逼近模型基于最小二乘准则的目标函数,从而可以对近似后的目标函数求解,并在光滑目标函数基础之上建立了最小二乘估计量的渐近分布理论。Lerman(1980)[48]提出网格搜索法,分别对模型的回归系数和变点参数进行估计,并指出该方法可适用于更一般的变点回归模型。Liu 等(1997)[49]利用施瓦茨和残差平方和最小准则来研究多段线性回归模型,并指出变点参数的收敛速度取决于变点的类型。Muggeo(2003)[13]基于一个简单的线性化技巧研究了逐段连续线性回归模型的最小二乘估计,通过迭代算法可快速地同时估计出模型中的所有参数,并将该估计方法推广到多变点的逐段连续线性回归模型。Seo 与 Linton(2007)[50]对分段线性回归模型提出光滑化后的最小二乘估计,并给出估计量的相关理论。Hansen(2017)[51]基于最小二乘准则利用网格搜索法估计 kink 回归模型的参数,并对参数和回归函数进行了推断。

以上从变点检测和参数估计两方面梳理了分段线性回归模型的相关文献。分段线性回归模型除了在理论上有所发展,也广泛应用于实际分析。例如,Potter(1995)[52]利用分段自回归模型分析美国经济问题,研究发现 1945 年后的美国经济比 1945 年之前的美国经济要稳定得多。Durlauf 与 Johnson (1995)[53]在分析跨国增长率行为时,对不同的经济体按照初始条件进行分组并使其遵循不同的线性模型,即采用分段线性回归模型来建模。Khan 与 Senhadji(2001)[54]用分段线性回归模型研究了通货膨胀与经济增长的关系。更多的应用可以参考 Kilian 与 Taylor(2003)[55]、Gonzalo 与 Wolf(2005)[56]和 Yoldas(2012)[57]等的文献。

1.2.2 分段线性分位数回归模型

经济与统计学家 Koenker 与 Bassett(1978)[58]最早正式提出分位数回归模型。以线性分位数回归为例,模型形式如下:

$$Q_\tau(Y \mid \boldsymbol{X}) = \boldsymbol{\alpha} + \boldsymbol{\beta}^{\mathrm{T}}\boldsymbol{X}, \tau \in (0,1),$$

其中 $Q_\tau(Y \mid \boldsymbol{X})$ 是给定解释变量 $\boldsymbol{X}$ 下,响应变量 Y 的第 τ 分位数,$\boldsymbol{X}$ 是一个 p 维向量协变量,$(\boldsymbol{\alpha},\boldsymbol{\beta}^{\mathrm{T}})^{\mathrm{T}}$ 为回归参数。线性分位数回归模型构建的是一个或多个解释变量与响应变量的分位数之间的线性关系。我们通过极小化下面的目标函数来估计模型中的所有参数 $(\boldsymbol{\alpha},\boldsymbol{\beta}^{\mathrm{T}})^{\mathrm{T}}$ ：

$$\ell(\boldsymbol{\alpha},\boldsymbol{\beta}^{\mathrm{T}})=\rho_{\tau}(Y-\boldsymbol{\alpha}-\boldsymbol{\beta}^{\mathrm{T}}\boldsymbol{X}),$$

其中 $\rho_{\tau}(u)=u[\tau-I(u<0)]$ 是 τ 分位数的损失函数。基于最小二乘的线性回归模型描述的是响应变量的均值关于自变量的线性变化，而线性分位数回归模型描述的是响应变量的条件分位数关于自变量的线性变化。所以给定任意一个分位数，就可以通过分位数回归模型获得拟合，这也就是为什么分位数回归模型能够帮助我们了解响应变量全部分位数的信息。读者可以在 Koenker(2005)[59] 的经典著作中了解关于分位数回归模型的介绍。更多关于分位数回归模型的理论和应用可参考：Gutenbrunner 与 Jureckova(1992)[60]、Koenker 与 Zhao(1996)[61]、Koenker 与 Machado (1999)[62]、Koenker Xiao (2002[63], 2004[64], 2006[65])、Chernozhukov 与 Hansen(2005)[66] 和 Chernozhukov 等(2009)[67] 的文献。

线性分位数回归模型刻画的是响应变量的条件分位数与自变量之间的线性关系。但是这种简单的线性关系已经不能充分描述变量之间复杂的非线性关系。随着分段回归模型日渐成熟的发展，分段分位数回归模型越来越受广大学者的青睐。Caner(2002)[26] 基于最小绝对偏差方法研究了分段线性回归模型的参数估计，并利用最小绝对偏差技术推导出变点参数似然比检验的极限分布。随后，Kato(2009)[68] 将 Pollard(1991)[69] 一文中的凸理论扩展到了模型中参数估计是随机过程的情况，并将该方法应用到基于最小绝对偏差估计的分段线性回归模型的渐进理论研究。我们知道，最小绝对偏差估计等同于 0.5 分位数下回归模型的估计，这也是较早的关于分段分位数回归模型的研究。继这些开创性的研究工作之后，关于分段分位数回归模型的研究成果如同雨后春笋，层出不穷。根据不同的变点类型，可将分段线性分位数回归模型分为两大类：门限线性分位数回归模型和逐段连续线性分位数回归模型。下面，我们将从这两类模型梳理相关文献。

1.2.2.1 门限线性分位数回归模型的研究现状

门限线性分位数回归模型，其特点是模型的回归函数在变点处是不连续的，且变点可能基于模型中的协变量，也可能是不基于协变量的时间点。已有较多文献致力于研究这一类模型的变点问题。Su 与 Xiao(2008)[70] 对时间序列数据的门限线性分位数回归模型提出 sup-Wald 检验统计量，并给出零假设条件下检验的渐近分布。Qu(2008)[71] 提出 subgradient 统计量和 Wald-type 统计量均可用于检测基于时间序列数据的门限线性分位数回归模型中的变点，但他并没有研究模型中参数的估计问题。对此，Oka 与 Qu(2011)[72] 考虑了分位数回归框架下多个不连续变点的参数估计问题，并给出估计量的极限分布理论。Lee 等(2011)[35]提出 sup-似然比检验统计量用于检验回归模型中变点的存在性，并将其应用到分位数回归模型。Galvao 等(2011)[73]研究了结构变点自回归分位数模型的参数估计问题，证明了变点参数和回归系数的估计量具有相合性，并推导出回归系数估计量的渐近正态性。Galvao 等(2014)[74]对平稳时间序列过程的分位数回归模型提出了变点的一致性检验。Zhang 等(2014)[75]基于 sup-score 统计量研究了门限线性分位数回归模型的变点检测问题，并将该方法运用于血压和身体质量指标数据的分析。Kuan 等(2017)[76]研究了基于时间序列数据的分位数回归模型中的变点问题，给出变点参数估计量的极限分布，还通过似然比统计量和计算的临界值给出变点参数的区间估计，且还给出了允许误差项相关条件下的 Bahadur 表达，这些工作与 Caner(2002)[26]、Galvao 等(2011[73]，2014[74])的研究进行了互补。Cai 与 Stander(2008)[77]和 Cai(2010)[78]研究了已知自回归分位数模型中变点个数和位置情况下的预测问题。

1.2.2.2 逐段连续线性分位数回归模型的研究现状

逐段连续线性分位数回归模型的特点是在给定分位数水平下，模型的回归函数在变点处是连续的。逐段连续线性分位数回归模型最早由 Li 等(2011)[79]提出，具体形式是在给定协变量 x 和 $\boldsymbol{z}$ 条件下，响应变量 y 的 τ 分位数为

$$Q_\tau(y \mid x,\boldsymbol{z}) = \begin{cases} \alpha_0 + \alpha_1 x + \boldsymbol{z}^{\mathrm{T}}\boldsymbol{\gamma}, x \leqslant t, \\ \alpha_0 + \alpha_1 x + \alpha_2(x-t) + \boldsymbol{z}^{\mathrm{T}}\boldsymbol{\gamma}, x > t, \end{cases} \tag{1.3}$$

其中 x 是一个斜率在 t 处发生变化的标量协变量，$\boldsymbol{z}$ 是一个 $p\times 1$ 维的向量协变量，$(\alpha_0,\alpha_1,\alpha_2,\boldsymbol{\gamma}^{\mathrm{T}},t)^{\mathrm{T}}$ 是模型中未知的参数。在模型(1.3)中，线性分位数回归模型 $Q_\tau(y \mid x,\boldsymbol{z})$ 在 t 处关于 x 是连续的，但是 x 在 t 左右两边的斜率是不一样的。也就是说，在 t 的左边，x 的斜率为 α_1，而在 t 的右边，x 的斜率为 α_2，这里的 t 称为变点。模型(1.3)是最简单的逐段连续线性分位数回归模型，模型中只有一个变点，也称之为折线分位数回归模型。Li 等(2011)[79]对折线分位数回归模型提出了网格搜索估计法，该方法分别对模型中的回归系数和变点参数进行估计，并证明了估计量是渐近有效的。龙振环等(2017)[80]将折线分位数回归模型推广到多个变点的情形，提出多变点的逐段连续线性分段分位数回归模型，通过 LASSO 和广义贝叶斯准则确定变点个数，并利用 Muggeo(2003)[13]提出的线性化技巧来同时估计模型中的回归系数和变点参数。

综上，关于分段分位数回归模型已有不少的研究，其中绝大部分集中于门限线

性分位数回归的变点检测和参数估计。在实际应用中,逐段连续线性分位数回归模型有着广泛的应用。比如图 1.1 中介绍的四个例子:动物最大奔跑速度与体重的关系研究、供电质量与经济的关系研究、信用卡或银行卡欺诈与年龄的研究,以及全球地表温度变化的研究。但是目前对于逐段连续线性分位数回归模型的关注还比较少。此外,用现代统计学的手段研究逐段连续线性分位数回归模型中变点个数的检测和参数估计与统计推断问题充满了难点与挑战。这些值得我们深入探索与研究。所以,本篇论文致力于研究逐段连续线性分位数回归模型的统计推断问题。

1.3 本书研究的主要内容

为了方便起见,我们首先介绍多变点的逐段连续线性分位数回归模型。给定协变量 t_k 和 $\boldsymbol{q}_n(t_k,x)=\begin{cases}0,x<t_k-h_n\\ \dfrac{-2(x-t_k+h_n)}{4h_n},t_k-h_n\leqslant x\leqslant t_k+h_n\\ -1,x>t_k+h_n\end{cases}$ 的条件下,响应变量 $C_\tau(\theta)=\tau(1-\tau)\boldsymbol{h}(\theta,w)^{\mathrm{T}}\boldsymbol{h}(\theta,w)$ 的 $D_\tau(\theta)=-f_\tau\{Q_\tau(y,\theta\mid w)\}\boldsymbol{h}(\theta,w)^{\mathrm{T}}\boldsymbol{h}(\theta,w)$ 分位数为

$$Q_\tau(y\mid x,\boldsymbol{z})=\beta_0+\beta_1x+\sum_{k=1}^{m}\beta_{k+1}(x-t_k)_++\boldsymbol{z}^{\mathrm{T}}\boldsymbol{\gamma},\tag{1.4}$$

其中 $\tau\in(0,1)$, t_k 是一个标量协变量, $\boldsymbol{q}_n(t_k,x)=\begin{cases}0,x<t_k-h_n\\ \dfrac{-2(x-t_k+h_n)}{4h_n},t_k-h_n\leqslant x\leqslant t_k+h_n\\ -1,x>t_k+h_n\end{cases}$ 是一个常系数的 p 维向量协变量, m 是变点的个数, $(t_1,t_2,\cdots,t_m)^{\mathrm{T}}$ 为 m 个变点参数, $\boldsymbol{\eta}=(\beta_0,\beta_1,\cdots,\beta_m,\boldsymbol{\gamma}^{\mathrm{T}})^{\mathrm{T}}$ 为回归系数。模型(1.4)中, $a_+=a\cdot I(a>0)$,这里 $I(a>0)$ 是一个示性函数。模型(1.4)刻画的是 $m+1$ 条首尾相连的曲线模型。具体而言, t_{k+1} 是分离第 k 和 $k+1$ 条线段的变点, $\sum_{j=1}^{m}\beta_j$ 是第 k 条线段的斜率。因此,模型(1.4)可以灵活地构建多变点的逐段

连续线性分位数回归模型。特别地，当 $m=1$ 时，模型(1.4)可简化为 Li 等(2011)[79]提出的折线线性分位数模型的另一种形式：

$$Q_\tau(y \mid x,z)=\beta_0+\beta_1 x+\beta_2(x-t)_+ + z^{\mathrm{T}}\boldsymbol{\gamma}. \tag{1.5}$$

为了更好地探索逐段连续线性分位数回归模型，本书将致力于研究单变点和多变点的逐段连续线性分位数回归模型的统计推断及应用，并考虑将分位数模型框架下的方法与理论推广到其他模型。鉴于模型比较复杂，本书遵循奥多姆剃刀原则，即从简单到复杂的原则，研究将从单个变点模型拓展到多个变点模型，主要从以下四个方面展开讨论。

1.3.1 折线分位数回归模型中的估计问题——线性化技巧

Li 等 (2011)[79]提出单个变点的逐段连续线性分位数回归模型(1.5)，也称折线分位数回归模型。由于模型中变点的存在，使得模型的目标函数关于变点参数连续但非光滑的，所以不能用传统线性分位数回归模型的计算方法去求解。对此，Li 等(2011)[79]采用了网格搜索法(Lerman，1980[48])来规避目标函数非平滑的问题，对模型中的回归系数和变点参数分别进行了估计，并给出了估计量的渐进性理论。网格搜索法的思想易理解，已成为变点模型主流的估计方法。但也存在一定的局限性：对模型中变点参数和回归参数是分开估计的；变点的估计是在给定的离散的网格点上搜索，这对连续的协变量是不现实的；如果需要提高所有参数估计的精度，就需要对网格更精细地划分，这也将导致更高的计算成本。因此，我们需要对折线分位数回归模型(1.5)提出新的估计方法，以弥补网格搜索法的缺陷。

为了解决以上问题，本书第 2 章通过一个简单的线性化技术，将折线分位数回归模型近似为标准的线性分位数回归模型，并通过迭代算法同时获得模型(1.5)中回归系数和变点参数的估计。这个方法在概念上很简单，而且由当前的主流软件很容易实现。此外，通过标准线性分位数回归模型的理论和 delta 方法可分别获得回归系数和变点参数的区间估计。最后，数值模拟结果表明所提的估计方法可行且有效，我们还将模型和方法应用到两个实际数据的处理分析。

1.3.2 折线分位数回归模型中的估计问题——光滑化技巧

关于折线分位数回归模型的参数估计与推断问题，Li 等(2011)[79]提出网格搜索估计方法并给出估计量的大样本性质，Yan 等(2017)[81]基于线性化技巧提出新的估计方法，并基于标准线性分位数回归模型的理论和 delta 技巧构造出该估计量的区间估计。尽管 Yan 等(2017)[81]提出的估计方法弥补了网格搜索法的缺陷，但是他们的方法也存在一定的缺陷，那就是通过线性化技巧会低估变点参数。因此，我们接下来的研究内容是对折线分位数回归模型提出更好的估计方法，使其能够同时弥补 Li 等(2011)[79]和 Yan 等(2017)[81]的方法的缺陷。

为了解决上述问题，本书第 3 章基于一个光滑化技巧对折线分位数回归模型提出一种全新的估计方法，并证明所提估计量具有相合性和渐近正态性。此外，参考 Lee 等(2011)[35]的文章，我们对折线分位数回归模型提出了拟似然比统计量用于检测模型是否存在变点。通过数值模拟也验证了所提估计方法具有有效的大样本性质。最后，我们将模型和估计方法运用到信用卡或银行卡欺诈数据的分析中。

1.3.3 多变点的逐段连续线性分位数回归模型的统计推断

前面两部分的研究内容考虑的均是单个变点的逐段连续线性分位数回归模型的统计推断及其应用。然而，现实生活中可能有多个变点数的情况，比如研究背景中介绍的全球地表温度异常数据。为了分析这样的数据，自然地，就要考虑多变点的逐段连续线性分位数回归模型(1.4)。然而，研究模型(1.4)并不是一件容易的事。首先，与折线线性分位数回归模型一样，由于模型中存在变点项 $n \to \infty$，使得模型的目标函数关于变点参数虽然连续但非光滑，也不能用传统线性分位数回归模型的方法估计参数。尽管 Li 等(2011)[79]提出的网格搜索法在折线分位数回归模型中能够很好地工作，但其计算代价高，且不能有效地推广到多个变点的情况。Yan 等(2017)[81]基于线性化技巧对折线分位数回归模型提出的估计方法虽然可以有效地推广到多个变点的情形，但其估计方法存在低估变点参数的缺点。其次，模型中变点的个数和位置都是未知的，而目前关于分位数回归模型的变点检测局限于单个变点，这更是给估计带来了巨大的挑战。据我们所知，目前关于多变点的逐段连续线性分位数回归模型比较完整的研究是龙振环等(2017)[80]的。他们提出多变点的逐段线性分位数回归模型，通过变量选择的方法确定变点个数，并利用 Muggeo(2003)[13]提出的线性化技巧克服目标函数关于变点参数不可导的困难，最终通过一个迭代算法同时获得回归系数和变点参数的估计。虽然龙振环等(2017)[80]的工作首次研究多变点的逐段连续线性分位数回归模型，但是其关于变点的检测和参数的估计存在一定的缺陷。值得注意的是，龙振环等(2017)[80]采用线性化技巧将非线性的模型近似成标准的线性分位数回归模型，这样容易低估变点参数。另外，在利用现代变量选择的方法来确定模型中变点个数时，需要选取合适的惩罚项和参数，这在实际操作中往往面临很大的困难。

为此，本书第4章对多个未知变点的逐段连续线性分位数回归模型(1.4)提出新的变点检测方法和参数估计方法。在估计问题上，我们假定已知变点个数，通过bent-cable光滑化技巧，将模型(1.4)中变点项 $(x-t_k)_+$ 光滑化，这样就可以从近似的光滑目标函数求解参数。我们对所提估计量给出相合性和渐近正态性的理论证明。然而实际应用中，变点个数是未知的，因此，我们对模型(1.4)提出新的检测程序。在检测变点个数的问题上，借鉴Fryzlewicz等(2014)[82]的思想，提出修正后的wild binary segmentation(WBS)算法用于检测逐段连续线性分位数回归模型的变点个数。最后，通过数值模拟和实证分析，验证了所提估计方法和检测方法的可行性与有效性。

1.3.4 折线 expectile 回归模型中的估计问题

以上研究的均是分位数回归模型框架下的连续变点的检测、参数估计与推断问题，在方法和理论研究上取得了一定的进展，因此考虑将这些方法和理论推广到其他变点模型。类似于分位数回归模型，另一个可以通过尾部期望为响应变量提供完整信息的有用工具是expectile回归模型。expectile回归模型最早由Newey与Powell(1987)[83]提出，对误差项也没有严格的假设条件。因此接下来我们研究单变点的逐段连续线性expectile回归模型，或称折线expectile回归模型，该模型最早由Zhang与Li(2017)[84]提出：

$$v_\tau(y \mid x,\boldsymbol{z}) = \beta_0 + \beta_1 x + \beta_2 (x-\xi)_+ + \boldsymbol{z}^{\mathrm{T}}\boldsymbol{\gamma}, \tag{1.6}$$

其中 $\tau \in (0,1)$ ，y 是响应变量，x 是带有变点的标量协变量，$\boldsymbol{z}$ 是一个 q 维向量的协变量，$v_\tau(y \mid x,\boldsymbol{z})$ 是给定协变量 x 和 $\boldsymbol{z}$ 条件下，响应变量 y 的第 τexpectile，$u_+ = u \cdot I(u>0)$ ，这里 $I(\cdot)$ 是一个示性函数。模型(1.6)中，ξ 是未知的变点参数，$\boldsymbol{\eta} = (\beta_0,\beta_1,\beta_2,\boldsymbol{\gamma}^{\mathrm{T}},\xi)^{\mathrm{T}}$ 是所有感兴趣的未知参数。在给定expectile水平 $\tau \in (0,1)$ 下，我们通过极小化下面的目标函数来估计模型中的所有参数 $\boldsymbol{\eta}$：

$$l_{n,\tau}(\boldsymbol{\eta}) = \sum_{i=1}^{m} m_\tau(y_i - \beta_0 - \beta_1 x_i - \beta_2 (x_i-\xi)_+ - \boldsymbol{z}_i^{\mathrm{T}}\boldsymbol{\gamma}),$$

其中 $m_\tau(u) = u \mid \tau - I(u<0) \mid$ 是非对称最小二乘(ALS)损失函数(Newey与Powell,1987[83])。

Zhang与Li(2017)[84]对模型提出了一个正式的检测统计量，用以检测给定

expectile 水平下，模型(1.6)是否存在变点。与 Lerman(1980)[48] 和 Li 等(2011)[79]学者类似，Zhang 与 Li(2017)[84]提出用网格搜索法来规避目标函数非平滑的问题，从而分别对模型中的回归系数和变点参数进行估计。正如之前所介绍，网格搜索法是分开估计变点模型中的回归系数和变点参数的。而且如果需要提高参数估计的精度，就需要更精细的网格来搜索，这将导致更高的计算成本。除了这些之外，网格搜索法假设了变点的估计只能在离散的网格点上，这是十分不现实的。为了解决这一系列问题，我们将前面介绍的线性化技巧推广到折线 expectile 回归模型，提出了一个可以同时估计模型中回归系数和变点参数的方法，并通过标准线性 expectile 回归模型的理论和 delta 方法给出估计量的区间估计。

1.4 本书主要创新之处

本书的创新点总结为以下三个方面。

第一，本书第 2、3 章研究的是折线分位数回归模型。在第 2 章中我们通过一个简单的线性化技巧巧妙地把折线分位数回归模型转换为标准的线性分位数回归模型，再通过迭代算法估计出模型中所有的参数。基于标准线性分位数回归模型的理论和 delta 方法可以很容易地构造出回归系数和变点参数的区间估计。这种基于线性化技巧的估计方法能够弥补 Li 等(2011)[79] 提出的网格搜索法的缺陷，而且其估计效果与网格搜索法也是可比的。第 2 章的线性化方法虽然弥补了网格搜索法的缺点，但是存在对变点参数低估的缺点。对此，第 3 章运用光滑化技术，对折线分位数回归模型提出一个全新的估计方法，并证明该估计量具有相合性和渐近正态性。同时，类似于 Lee 等(2011)[35] 的文章，我们对折线分位数回归模型提出 sup-似然比检验统计量用于检验回模型中是否存在变点，从而使得关于折线分位数回归模型的研究更加完整。

第二，本书第 4 章研究的是多变点逐段连续线性分位数回归模型。我们首先在假定已知模型中变点个数的情况下，采用 bent-cable 光滑化技巧，对模型的所有参数提出了一种精确且合理的快速估计方法，并证明该估计量具相合性和渐近正态的大样本性质。此外，我们还提出修正的 wild binary segmentation 算法用于检测模型中变点的个数。大量的数值模拟结果表明所提检测算法和估计方法具有可行性和有效性。最后将其运用到两个实际例子的分析中。

第三，本书第 5 章研究的是折线 expectile 回归模型。expectile 回归是一个类似于分位数回归的工具，可以通过不同的尾部期望刻画数据的所有信息。第 2 章到第 4 章研究的均是线性分位数模型框架下连续变点的问题，并取得了突破性的进展。我们考虑将分位数模型框架下的变点问题研究方法推广到 expectile 回归模型的变点问题分析中。因此我们在第 5 章研究最早由 Zhang 与 Li(2017)[84]提出的折线 expectile 回归模型。Zhang 与 Li(2017)[84]采用网格搜索法分别对回归系数和变点参数进行估计，但该方法存在一些局限性。为了克服网格搜索法的缺陷，我们将折线分位数回归模型框架下的线性化技巧推广到折线 expectile 回归模型，对折线 expectile 回归模型提出了一个全新的估计方法，该方法能够同时估计模型中的回归系数和变点参数。最后，我们基于标准线性 expectile 回归模型的理论和 delta 方法给出所提估计量的区间估计。

第2章 折线分位数回归模型的参数估计——线性化方法

经典线性回归模型描述的是一个响应变量与一个或多个解释变量之间的关系，是回归模型中最简单的模型，也是统计学的一个重要分支。通常认为，线性回归模型的系数在整个数据集是保持不变的。但事实并非如此。比如，研究对数形式下成年哺乳动物的最大奔跑速度(MRS)和体重(mass)之间的关系，动物的最大奔跑速度随着体重的增加而增快，但当体重增加超过某个水平后，动物的最大奔跑速度反而随着体重的增加而减慢。为了捕捉这一独特的性质，许多学者致力于研究逐段连续线性回归模型，或称折线回归模型。折线回归模型最早由 Sprent (1961)[85]提出来，用于构建响应变量和某个解释变量之间连续的线性关系，但这种线性关系在解释变量某个值处发生变化，这个值被称为变点，这个变点前后的斜率不同。目前有很多研究是基于最小二乘估计方法来研究折线线性回归模型，例如，Quandt (1958[16]，1960[17])、Robison (1964)[86]、Feder(1975a[28]，1975b[47])、Chappell (1989)[87]、Muggeo (2003)[13]等等。然而，相比逐段连续线性分位数回归(或称折线分位数回归)模型而言，基于均值的折线回归模型有一定的局限性。比如均值回归理论通常假定模型的随机误差项是正态分布的，这在很多情况下是不切实际的，因为实际数据往往很复杂。比如当数据是尖峰、厚尾的，对模型误差项的正态分布假设往往会造成错误的模型设定。此外，均值回归对于异常值的处理效果很差。更重要的是，当我们对响应变量的整体分布更感兴趣时，均值回归完全无法给我们提供响应变量的全部信息。值得注意的是，分位数回归更能灵活地捕捉异方差数据，在处理响应变量中的异常值时更具稳健性，且更加全面地描述响应变量条件分布的全貌，而不仅仅分析响应变量的条件均值(Koenker 与 Bassett，1978[58])。对此，Li 等(2011)[79]最早提出单个变点的逐段连续线性分位数回归模型，也称折线分位数回归模型。具体而言，在给定分位数水平下，他们考虑某个协变量的斜率在某个未知的变点发生了变化，并提出了网格搜索法对参数进行估计。

网格搜索法的主要思想是事先在网格上固定变点的位置，然后估计回归系数，最后用网格搜索算法在网格上选取最优的点作为变点参数的估计。网格搜索法最早由 Lerma(1980)[48]提出，作为变点模型的经典估计方法广受欢迎。然而也有一些局限性：网格搜索法是分开估计变点模型中的回归系数和变点参数的；如果需要提高参数估计的精度，就需要更精细的网格来搜索，这将导致更高的计算成本；除了这些之外，网格搜索法假设了变点的估计只能在离散的网格点上，这是十分不现实的。这些缺点激发我们寻求新的方法来估计折线分位数回归模型的所有参数。因此，本章的用意是对折线分位数回归模型提出一个全新的估计方法。

本章内容安排如下：第一节介绍折线分位数回归模型，回顾网格搜索算法，且基于 Muggeo(2003)[13]的线性化技巧提出一个新的估计方法。此外，从标准线性分位数回归模型的理论和 delta 技巧可以构造本章估计方法的区间估计。第二节通过数值模拟验证本章所提估计方法具有良好的性能。第三节将本章模型和估计方法应用于两个实际数据分析。第四节对本章做了一个总结。

2.1　主要方法

2.1.1　网格搜索法

在给定分位数水平 $\tau \in (0,1)$ 下，Li 等(2011)[79]提出响应变量 Y 的 τ 分位数的折线回归模型为

$$Q_\tau(Y \mid x,\boldsymbol{z}) = \begin{cases} \alpha_0 + \alpha_1 x + \boldsymbol{z}^{\mathrm{T}}\boldsymbol{\gamma}, x \leqslant t, \\ \alpha_0 + \alpha_1 x + \alpha_2(x-t) + \boldsymbol{z}^{\mathrm{T}}\boldsymbol{\gamma}, x > t, \end{cases} \tag{2.1}$$

其中 x 是一个斜率在 t 处发生变化的标量协变量，z 是一个 $p \times 1$ 维的向量协变量，$(\alpha_0,\alpha_1,\alpha_2,\boldsymbol{\gamma}^{\mathrm{T}},t)^{\mathrm{T}}$ 是未知的参数。在模型(2.1)中，折线分位数回归模型 $Q_\tau(y \mid x,\boldsymbol{z})$ 在 t 处关于 x 是连续的，但是 x 在 t 左右两边的斜率是不一样的。也就是说，在 t 的左边，x 的斜率为 α_1；而在 t 的右边，x 的斜率为 $\alpha_1+\alpha_2$。因此，模型(2.1)刻画了响应变量 Y 和协变量 x 之间的非线性关系。

为了简化符号，我们使用如下模型重新表示模型(2.1)：

$$Q_\tau(Y \mid x,z) = \beta_0 + \beta_1 x + \beta_2(x-t)_+ + \boldsymbol{z}^{\mathrm{T}}\boldsymbol{\gamma}, \tag{2.2}$$

其中 $\beta_0 = \alpha_0$，$\beta_1 = \alpha_1$ 和 $\beta_2 = \alpha_2 - \alpha_1$。注意到，$(x-t)_+ = (x-t) \cdot I(x>t)$，

这里 $I(\cdot)$ 是示性函数。本章主要研究的是模型(2.2)，致力于研究在给定分位数 τ 下，估计模型中所有的未知参数 $\boldsymbol{\theta}=(\beta_0,\beta_1,\beta_2,\boldsymbol{\gamma}^{\mathrm{T}},t)^{\mathrm{T}}$ 。

不妨假定 $\{(Y_i,x_i,\boldsymbol{z}_i)\}_{i=1}^n$ 是来自总体 $(Y,x,\boldsymbol{z})$ 的 n 个独立的样本。简记符号为 $\boldsymbol{\eta}=(\beta_0,\beta_1,\beta_2,\boldsymbol{\gamma}^{\mathrm{T}})^{\mathrm{T}}$ ，$\boldsymbol{w}_i(t)=(1,x_i,(x_i-t)_+,\boldsymbol{z}_i^{\mathrm{T}})^{\mathrm{T}}$ 。参数 $\boldsymbol{\theta}=(\beta_0,\beta_1,\beta_2,\boldsymbol{\gamma}^{\mathrm{T}},t)^{\mathrm{T}}$ 的估计量表示为

$$\hat{\boldsymbol{\theta}}=\arg\min_{\boldsymbol{\theta}}\sum_{i=1}^{m}\rho_\tau(Y_i-\beta_0-\beta_1x_i-\beta_2(x_i-t)_+-\boldsymbol{z}_i^{\mathrm{T}}\boldsymbol{\gamma}),\tag{2.3}$$

其中 $\rho_\tau(u)=u[\tau-I(u<0)]$ 是 τ 分位数的损失函数。由于目标函数(2.3)既不是凸函数，关于所有参数也不是可导的，因此不能直接极小化得到参数的估计量。为了解决这个问题，Li 等 (2011)[79] 提出了网格搜索法（“grid search”）。这个方法最早由 Lerma (1980)[48] 提出，用于折线回归模型的最小二乘估计。具体的做法是，对于固定的 t ，可以直接给出参数 $\boldsymbol{\eta}$ 的估计：

$$\bar{\boldsymbol{\eta}}(t)=\arg\min_{\boldsymbol{\eta}}\sum_{i=1}^{n}\rho_\tau(Y_i-\boldsymbol{w}_i^{\mathrm{T}}(t)\cdot\boldsymbol{\eta}).$$

接着，变点 t 可以通过极小化下面的式子获得估计：

$$\bar{t}=\arg\min_{t}\sum_{i=1}^{n}\rho_\tau(Y_i-\boldsymbol{w}_i^{\mathrm{T}}(t)\cdot\bar{\boldsymbol{\eta}}(t)).$$

这样，通过网格搜索法，我们得到所有参数的估计 $\bar{\boldsymbol{\theta}}=(\bar{\boldsymbol{\eta}}(t),\bar{t})$ 。此外，基于一些正则假设和条件 $\beta_2\neq0$ ，Li 等 (2011)[79] 给出了估计量 $\bar{\boldsymbol{\theta}}$ 的区间估计。

2.1.2 本章方法

我们的目的是提出一个可以同时估计回归参数 $\boldsymbol{\eta}$ 和变点 t 的方法。从计算的角度，目标函数(2.3)不是传统线性分位数回归模型的损失函数，且关于所有参数不是可导的，因此，不能直接使用现有的优化方法对其求解。为了规避这个问题，我们采用 Muggeo (2003)[13] 为了解决基于最小二乘回归的折线线性回归模型参数估计而提出的线性化技巧。这个方法的主要思想是对目标函数中的非线性项在初值 $\bar{t}^{(0)}$ 处进行一阶泰勒展开：

$$(x-t)_+=(x-\bar{t}^{(0)})_++(-1)\cdot I(x-\bar{t}^{(0)})(t-\bar{t}^{(0)}).$$

从而目标函数(2.3)的右边可以近似为

$$Y_i-\beta_0-\beta_1x_i-\beta_2u_i^{(0)}-\beta_3v_i^{(0)}-\boldsymbol{z}_i^{\mathrm{T}}\boldsymbol{\gamma},$$

其中 $\beta_3=\beta_2\cdot(t-\bar{t}^{(0)})$ ，$u_i^{(0)}=(x_i-\bar{t}^{(0)})_+$ 和 $v_i^{(0)}=-I(x_i>\bar{t}^{(0)})$ 看作两个新的协变量。这样，新的参数 $\boldsymbol{\xi}=(\beta_0,\beta_1,\beta_2,\beta_3,\boldsymbol{\gamma}^{\mathrm{T}})^{\mathrm{T}}$ 可以通过极小化下式获得估计：

$$\sum_{i=1}^{n}\rho_\tau(Y_i-\beta_0-\beta_1x_i-\beta_2u_i^{(0)}-\beta_3v_i^{(0)}-\boldsymbol{z}_i^{\mathrm{T}}\boldsymbol{\gamma}),$$

我们把估计量记为 $\hat{\boldsymbol{\xi}}^{(1)}=(\hat{\beta}_0^{(1)},\hat{\beta}_1^{(1)},\hat{\beta}_2^{(1)},\hat{\beta}_3^{(1)},\hat{\boldsymbol{\gamma}}^{(1)\mathrm{T}})^{\mathrm{T}}$ 。此外，变点 $\{(s_i,e_i)\}_{i=1}^{n}$ 可通过下式更新：

$$\bar{t}^{(1)}=\bar{t}^{(0)}+\frac{\bar{\beta}_3^{(1)}}{\bar{\beta}_2^{(1)}}.$$

显然，我们可以通过反复迭代上述步骤直到收敛，具体的迭代算法如下：

(i)初值：$\hat{\boldsymbol{\xi}}^{(0)}=(\hat{\beta}_0^{(0)},\hat{\beta}_1^{(0)},\hat{\beta}_2^{(0)},\hat{\beta}_3^{(0)},\hat{\boldsymbol{\gamma}}^{(0)\mathrm{T}})^{\mathrm{T}}$ 和 $\bar{t}^{(0)}$，设置 $\hat{\beta}_3^{(0)}$ 为一个比较小的数，比如 0.01。

(ii)对于第 k 步，固定 $\bar{t}^{(k)}$，通过最小化下式来更新 $\bar{\boldsymbol{\xi}}^{(k)}$：

$$\bar{\boldsymbol{\xi}}^{(k+1)}=\arg\min_{\boldsymbol{\xi}}\sum_{i=1}^{n}\rho_\tau(Y_i-\beta_0-\beta_1x_i-\beta_2u_i^{(k)}-\beta_3v_i^{(k)}-\boldsymbol{z}_i^{\mathrm{T}}\boldsymbol{\gamma}),\tag{2.4}$$

其中 $u_i^{(k)}=(x_i-\bar{t}^{(k)})_+$，$v_i^{(k)}=-I(x_i>\bar{t}^{(k)})$。

(iii)更新变点估计 $\bar{t}^{(k+1)}$：

$$\bar{t}^{(k+1)}=\bar{t}^{(k)}+\frac{\bar{\beta}_3^{(k+1)}}{\bar{\beta}_2^{(k+1)}}.$$

(iv)重复(ii)－(iii)直到收敛。

标注 1. 这个算法继承了 Muggeo (2003)[13] 所提方法的大部分优点。其中一个重要的特点是通过迭代线性分位数的目标函数(2.4)，可以优化含有非线性项且不可导的目标函数(2.3)。此外，类似于 Muggeo 的文献，变点存在的条件下，算法总是收敛的。

标注 2. 令 $\bar{\boldsymbol{\xi}}=(\bar{\beta}_0,\bar{\beta}_1,\bar{\beta}_2,\bar{\beta}_3,\bar{\boldsymbol{\gamma}}^{\mathrm{T}})^{\mathrm{T}}$ 是迭代估计量的极限估计量 $\hat{\boldsymbol{\xi}}^{(k)}=(\hat{\beta}_0^{(k)},\hat{\beta}_1^{(k)},\hat{\beta}_2^{(k)},\hat{\beta}_3^{(k)},\hat{\boldsymbol{\gamma}}^{(k)\mathrm{T}})^{\mathrm{T}}$ 。从式子(2.4)可以从标准的线性分位数回归中得出 $\bar{\xi}$ 统计推断。因此，估计量的标准误差、置信区间和 p 值等可以直接从 R 包 quantreg 获得。此外，如果算法是收敛的，那么系数 $\bar{\beta}_3$ 会趋于 0，或者与 0 无差别。这样，可以通过 delta 方法计算变点 t 的标准误差：

$$\mathrm{SE}(t)=\frac{\left[\mathrm{Var}(\bar{\beta}_3)+\mathrm{Var}(\bar{\beta}_3)\left(\frac{\bar{\beta}_3}{\bar{\beta}_2}\right)^2-2\left(\frac{\bar{\beta}_3}{\bar{\beta}_2}\right)\mathrm{Cov}(\bar{\beta}_2,\bar{\beta}_3)\right]^{\frac{1}{2}}}{|\bar{\beta}_2|},$$

在实际中，$\bar{\beta}_3\approx 0$，上式就变为 $\mathrm{SE}(\bar{t})=\frac{\mathrm{SE}(\bar{\beta}_3)}{|\bar{\beta}_2|}$。依据 McCullagh 与 Nelder (1989)[88]，$\bar{t}$ 的 $100(1-\alpha)$ 瓦尔德置信区间估计为

$$[\bar{t}-z_{\frac{\alpha}{2}}\mathrm{SE}(\bar{t}),\bar{t}+z_{\frac{\alpha}{2}}\mathrm{SE}(\bar{t})],$$

其中 $z_{\frac{\alpha}{2}}$ 是标准正态分布的 $100(1-\frac{\alpha}{2})$ 分位数。

标注 3. 注意到，我们的算法是基于存在单个变点，因此，检测变点的存在性十分重要。从实际的角度来看，我们可以采用 Li 等(2011)[79] 提到的三种检测变点存在方法中的一种，或者采用 Lee 等(2011)[35] 和 Zhang 等(2014)[75] 提出的检测变点方法。

标注 4. 这个估计方法可以很容易推广到多个变点的情形，但是对于多个变点的检测仍是一些额外的工作。

2.2 数值模拟

本节的 R 代码可在https://github.com/FPZhang2015/bentQR 上找到。本节共有两部分的数值模拟，用于验证本书估计方法的大样本性质。第一部分的数值模拟从不同误差类型说明本书估计方法的稳健性。第二部分数值模拟的模型设置和 Li 等(2011)[79] 的模型设置一样，考虑了对称和非对称的折线线性分位数回归模型。

2.2.1 模拟一

本节模拟数据来自如下两种模型形式。

(I)独立同分布 (IID)：$Y=\beta_0+\beta_1 x+\beta_2(x-t)_+ +\boldsymbol{z\gamma}+e$ 。

(II)异方差：$Y=\beta_0+\beta_1 x+\beta_2(x-t)_+ +\boldsymbol{z\gamma}+(1+0.3x)e$ 。

其中 $x\sim U(-2,5)$ ，$\boldsymbol{z}\sim B(1,0.5)$ ，误差项 e 满足其 τ 分位数为 0，即 $e=\tilde{e}-Q_\tau(\tilde{e})$ ，这里 $Q_\tau(\tilde{e})$ 指的是 $\tilde{e}$ 的 τ 分位数。

对于上面两种不同的模型，我们均考虑下面四种不同的误差项：

(1)标准的正态分布：$\tilde{e}\sim N(0,1)$ ；

(2)自由度为 3 的 t 分布：$\tilde{e}\sim t_3$ ；

(3)带污染的标准正态分布：$\tilde{e}\sim 0.9N(0,1)+0.1t_3$ ，其中 10%的概率来自 t_3 分布，90%的概率来自正态分布 $N(0,1)$ ；

(4)带污染的标准正态分布：$\tilde{e}\sim 0.9N(0,1)+0.1\mathrm{Cauchy}(0,1)$ ，其中 10%的

概率来自标准柯西分布 Cauchy(0,1),90%的概率来自正态分布 $N(0,1)$ 。

回归参数设置为 $(\beta_0,\beta_1,\beta_2,\boldsymbol{\gamma})^{\mathrm{T}}=(1,3,-2,1)$,变点参数设置为 $t=1.5$ 。对于每种情况,样本量设定为 $n=200$,模拟次数为 1000 次。

为了与 Li 等(2011)[79]的方法比较,我们也考虑了网格搜索法。表 2.1—2.8 给出了网格搜索法(grid)和本书方法(proposed)在 $\tau=0.1,0.3,0.5,0.7$ 和 0.9 分位数下的模拟结果。从表中可以看出这两种估计方法的偏差(bias)都很小,平均标准差(ESE)十分接近估计标准差(SD),这些说明这两种方法的估计量都具有相合性,且大样本理论是有效的。在尾部分位数水平下(比如 $\tau=0.1,0.9$),这两种方法 95%置信水平的覆盖率(CP)低于显著性水平,这可能是因为在尾部水平没有足够的观察值。不管怎么样,这种现象在中间分位数(比如 $\tau=0.3,0.5,0.7$)消失了。此外,本章方法的均方误差(MSE)和平均置信区间长度(AW)与网格搜索法的效果不相上下。总而言之,本章估计方法与网格搜索法是可比的。

表 2.1　误差项为 $\tilde{e}\sim N(0,1)$ 的同方差模型的模拟结果

τ		grid					proposed				
		β_0	β_1	β_2	$\boldsymbol{\gamma}$	t	β_0	β_1	β_2	$\boldsymbol{\gamma}$	t
0.1	bias	0.027	0.015	−0.022	0.007	−0.006	0.026	0.014	−0.021	0.007	−0.004
	SD	0.233	0.190	0.242	0.252	0.315	0.235	0.193	0.246	0.253	0.316
	ESE	0.208	0.167	0.249	0.241	0.243	0.201	0.160	0.228	0.224	0.227
	MSE	0.055	0.036	0.059	0.063	0.099	0.056	0.037	0.061	0.064	0.100
	CP	0.879	0.860	0.915	0.916	0.818	0.882	0.860	0.889	0.876	0.825
	AW	0.816	0.654	0.977	0.946	0.951	0.790	0.627	0.895	0.878	0.889
0.3	bias	0.023	0.015	−0.030	−0.008	0.000	0.023	0.015	−0.030	−0.008	−0.001
	SD	0.174	0.142	0.189	0.187	0.219	0.175	0.144	0.190	0.187	0.222
	ESE	0.167	0.132	0.192	0.191	0.191	0.164	0.131	0.186	0.185	0.184
	MSE	0.031	0.020	0.037	0.035	0.048	0.031	0.021	0.037	0.035	0.049
	CP	0.917	0.906	0.935	0.949	0.891	0.928	0.920	0.922	0.924	0.887
	AW	0.655	0.517	0.752	0.748	0.748	0.644	0.512	0.729	0.724	0.723

续表

τ		grid					proposed				
		β_0	β_1	β_2	$\boldsymbol{\gamma}$	t	β_0	β_1	β_2	$\boldsymbol{\gamma}$	t
0.5	bias	0.011	0.013	−0.009	0.000	−0.016	0.012	0.013	−0.009	0.000	−0.017
	SD	0.168	0.132	0.178	0.185	0.200	0.168	0.133	0.178	0.184	0.200
	ESE	0.159	0.126	0.181	0.181	0.179	0.157	0.125	0.177	0.177	0.178
	MSE	0.028	0.018	0.032	0.034	0.040	0.028	0.018	0.032	0.034	0.040
	CP	0.920	0.912	0.934	0.930	0.903	0.921	0.916	0.925	0.922	0.918
	AW	0.622	0.494	0.708	0.708	0.703	0.617	0.492	0.695	0.692	0.697
0.7	bias	0.009	0.011	−0.016	0.002	−0.006	0.009	0.009	−0.015	0.000	−0.004
	SD	0.172	0.142	0.184	0.182	0.222	0.173	0.143	0.185	0.183	0.223
	ESE	0.168	0.132	0.191	0.191	0.191	0.164	0.130	0.185	0.184	0.185
	MSE	0.029	0.020	0.034	0.033	0.049	0.030	0.021	0.034	0.034	0.050
	CP	0.918	0.915	0.938	0.961	0.889	0.910	0.923	0.932	0.937	0.879
	AW	0.659	0.519	0.749	0.747	0.750	0.641	0.509	0.724	0.721	0.725
0.9	bias	0.013	0.022	−0.042	−0.002	0.000	0.008	0.017	−0.036	0.000	0.002
	SD	0.230	0.185	0.239	0.238	0.288	0.232	0.185	0.239	0.240	0.286
	ESE	0.219	0.174	0.254	0.248	0.250	0.207	0.164	0.234	0.231	0.231
	MSE	0.053	0.035	0.059	0.057	0.083	0.054	0.034	0.058	0.057	0.082
	CP	0.903	0.874	0.919	0.927	0.877	0.875	0.879	0.902	0.892	0.856
	AW	0.859	0.682	0.995	0.973	0.981	0.810	0.642	0.919	0.906	0.906

注：bias 为估计偏差，SD 为估计标准差，ESE 为平均标准差，MSE 为均方误差，CP 为 95% 覆盖率，AW 为平均置信区间长度。

表 2.2　误差项为 $\tilde{e} \sim N(0,1)$ 的异方差模型的模拟结果

τ		grid					proposed				
		β_0	β_1	β_2	γ	t	β_0	β_1	β_2	γ	t
0.1	bias	0.021	0.027	−0.112	0.008	0.019	0.019	0.025	−0.106	0.009	0.016
	SD	0.270	0.180	0.668	0.297	0.492	0.273	0.182	0.669	0.297	0.493
	ESE	0.233	0.149	0.394	0.288	0.346	0.243	0.153	0.425	0.273	0.352
	MSE	0.074	0.033	0.458	0.088	0.242	0.075	0.034	0.459	0.088	0.243
	CP	0.891	0.868	0.901	0.939	0.798	0.875	0.873	0.933	0.901	0.827
	AW	0.911	0.586	1.545	1.129	1.357	0.954	0.599	1.664	1.071	1.380
0.3	bias	0.015	0.016	−0.058	0.004	0.013	0.017	0.016	−0.058	0.004	0.011
	SD	0.198	0.130	0.299	0.220	0.342	0.199	0.131	0.298	0.220	0.342
	ESE	0.187	0.122	0.289	0.228	0.267	0.188	0.117	0.298	0.216	0.272
	MSE	0.039	0.017	0.093	0.048	0.117	0.040	0.018	0.092	0.049	0.117
	CP	0.929	0.911	0.915	0.955	0.842	0.926	0.901	0.948	0.938	0.852
	AW	0.732	0.479	1.131	0.895	1.046	0.738	0.459	1.168	0.845	1.066
0.5	bias	0.019	0.013	−0.060	−0.005	0.011	0.018	0.012	−0.054	−0.004	0.007
	SD	0.177	0.118	0.288	0.210	0.318	0.179	0.120	0.291	0.210	0.319
	ESE	0.181	0.118	0.280	0.219	0.260	0.176	0.111	0.280	0.203	0.257
	MSE	0.032	0.014	0.087	0.044	0.101	0.032	0.015	0.087	0.044	0.102
	CP	0.935	0.933	0.926	0.954	0.877	0.928	0.921	0.947	0.938	0.883
	AW	0.708	0.461	1.098	0.859	1.018	0.690	0.435	1.096	0.797	1.007
0.7	bias	0.008	0.007	−0.066	0.002	0.022	0.007	0.007	−0.060	0.004	0.016
	SD	0.190	0.130	0.316	0.217	0.345	0.191	0.132	0.316	0.218	0.344
	ESE	0.190	0.124	0.294	0.229	0.271	0.189	0.118	0.298	0.215	0.272
	MSE	0.036	0.017	0.104	0.047	0.120	0.037	0.018	0.104	0.047	0.119
	CP	0.942	0.927	0.921	0.948	0.858	0.927	0.906	0.934	0.940	0.880
	AW	0.747	0.485	1.153	0.898	1.060	0.739	0.462	1.168	0.842	1.065

续表

τ		grid					proposed				
		β_0	β_1	β_2	$\boldsymbol{\gamma}$	t	β_0	β_1	β_2	$\boldsymbol{\gamma}$	t
0.9	bias	0.009	0.007	−0.085	0.010	0.020	0.004	0.002	−0.067	0.010	0.010
	SD	0.275	0.174	0.444	0.284	0.480	0.280	0.179	0.446	0.285	0.476
	ESE	0.241	0.154	0.384	0.287	0.355	0.251	0.157	0.402	0.276	0.363
	MSE	0.076	0.030	0.204	0.081	0.230	0.078	0.032	0.203	0.081	0.226
	CP	0.883	0.902	0.900	0.939	0.851	0.893	0.893	0.933	0.916	0.838
	AW	0.947	0.603	1.507	1.127	1.391	0.982	0.615	1.576	1.084	1.422

注：bias为估计偏差，SD为估计标准差，ESE为平均标准差，MSE为均方误差，CP为95%覆盖率，AW为平均置信区间长度。

表 2.3 误差项为 $\tilde{e} \sim t_3$ 的同方差模型的模拟结果

τ		grid					proposed				
		β_0	β_1	β_2	$\boldsymbol{\gamma}$	t	β_0	β_1	β_2	$\boldsymbol{\gamma}$	t
0.1	bias	0.054	0.068	−0.129	0.008	−0.014	0.054	0.067	−0.125	0.004	−0.019
	SD	0.416	0.358	0.431	0.420	0.566	0.419	0.361	0.437	0.422	0.571
	ESE	0.348	0.286	0.448	0.401	0.402	0.339	0.268	0.386	0.356	0.358
	MSE	0.176	0.133	0.202	0.176	0.320	0.179	0.135	0.206	0.178	0.326
	CP	0.851	0.840	0.910	0.926	0.746	0.842	0.812	0.855	0.846	0.755
	AW	1.364	1.121	1.756	1.572	1.577	1.329	1.051	1.514	1.394	1.405
0.3	bias	0.016	0.016	−0.025	−0.011	−0.007	0.016	0.015	−0.025	−0.013	−0.007
	SD	0.205	0.175	0.227	0.221	0.265	0.208	0.177	0.229	0.221	0.267
	ESE	0.199	0.162	0.232	0.229	0.229	0.193	0.154	0.219	0.216	0.217
	MSE	0.042	0.031	0.052	0.049	0.070	0.043	0.032	0.053	0.049	0.071
	CP	0.940	0.912	0.946	0.946	0.895	0.920	0.880	0.917	0.927	0.880
	AW	0.781	0.634	0.909	0.896	0.896	0.757	0.604	0.857	0.846	0.852

续表

τ		grid					proposed				
		β_0	β_1	β_2	$\boldsymbol{\gamma}$	t	β_0	β_1	β_2	$\boldsymbol{\gamma}$	t
0.5	bias	0.004	0.012	−0.022	0.011	−0.002	0.003	0.011	−0.020	0.012	−0.003
	SD	0.184	0.152	0.197	0.203	0.241	0.186	0.154	0.198	0.204	0.242
	ESE	0.182	0.146	0.210	0.206	0.207	0.172	0.137	0.195	0.193	0.194
	MSE	0.034	0.023	0.039	0.041	0.058	0.035	0.024	0.039	0.042	0.059
	CP	0.942	0.930	0.953	0.947	0.889	0.923	0.905	0.932	0.930	0.870
	AW	0.715	0.571	0.821	0.808	0.811	0.675	0.537	0.764	0.757	0.761
0.7	bias	0.015	0.010	−0.026	−0.004	0.011	0.013	0.008	−0.024	−0.003	0.013
	SD	0.205	0.170	0.222	0.223	0.271	0.204	0.171	0.221	0.224	0.269
	ESE	0.205	0.160	0.233	0.229	0.231	0.192	0.152	0.218	0.216	0.217
	MSE	0.042	0.029	0.050	0.050	0.074	0.042	0.029	0.049	0.050	0.072
	CP	0.943	0.924	0.946	0.953	0.887	0.917	0.901	0.925	0.924	0.861
	AW	0.802	0.627	0.912	0.897	0.904	0.754	0.595	0.856	0.846	0.851
0.9	bias	0.098	0.052	−0.132	−0.012	0.014	0.088	0.040	−0.114	−0.008	0.021
	SD	0.429	0.347	0.447	0.420	0.515	0.438	0.358	0.474	0.424	0.519
	ESE	0.413	0.304	0.470	0.411	0.445	0.336	0.265	0.388	0.364	0.369
	MSE	0.194	0.123	0.218	0.177	0.266	0.200	0.130	0.238	0.180	0.270
	CP	0.887	0.844	0.909	0.932	0.857	0.832	0.817	0.857	0.866	0.783
	AW	1.621	1.193	1.840	1.612	1.743	1.317	1.039	1.521	1.429	1.446

注：bias 为估计偏差，SD 为估计标准差，ESE 为平均标准差，MSE 为均方误差，CP 为 95% 覆盖率，AW 为平均置信区间长度。

表 2.4　误差项为 $\tilde{e} \sim t_3$ 的异方差模型的模拟结果

τ		grid					proposed				
		β_0	β_1	β_2	$\boldsymbol{\gamma}$	t	β_0	β_1	β_2	$\boldsymbol{\gamma}$	t
0.1	bias	0.078	0.107	−0.260	0.010	−0.014	0.079	0.109	−0.255	0.011	−0.032
	SD	0.440	0.297	0.614	0.503	0.717	0.452	0.304	0.626	0.508	0.738
	ESE	0.366	0.233	0.855	0.452	0.566	0.478	0.304	0.794	0.529	0.640
	MSE	0.200	0.100	0.444	0.253	0.515	0.210	0.104	0.457	0.258	0.545
	CP	0.851	0.841	0.925	0.938	0.743	0.897	0.886	0.950	0.937	0.826
	AW	1.435	0.913	3.351	1.774	2.219	1.874	1.192	3.113	2.072	2.508
0.3	bias	0.020	0.019	−0.086	−0.011	0.013	0.020	0.020	−0.084	−0.011	0.009
	SD	0.232	0.156	0.397	0.248	0.439	0.235	0.158	0.398	0.249	0.441
	ESE	0.232	0.155	0.364	0.281	0.327	0.228	0.144	0.365	0.261	0.326
	MSE	0.054	0.025	0.165	0.062	0.193	0.055	0.025	0.165	0.062	0.194
	CP	0.940	0.929	0.935	0.975	0.851	0.928	0.904	0.933	0.954	0.850
	AW	0.911	0.608	1.427	1.102	1.283	0.894	0.565	1.429	1.023	1.280
0.5	bias	0.008	0.008	−0.072	−0.002	0.019	0.009	0.008	−0.071	−0.002	0.014
	SD	0.211	0.141	0.473	0.224	0.386	0.212	0.144	0.473	0.224	0.387
	ESE	0.216	0.146	0.328	0.261	0.301	0.197	0.125	0.321	0.227	0.288
	MSE	0.045	0.020	0.229	0.050	0.149	0.045	0.021	0.228	0.050	0.150
	CP	0.952	0.949	0.935	0.975	0.884	0.918	0.909	0.934	0.948	0.870
	AW	0.846	0.571	1.287	1.023	1.180	0.772	0.489	1.257	0.890	1.128
0.7	bias	0.028	0.018	−0.089	0.001	0.016	0.022	0.013	−0.080	0.001	0.014
	SD	0.244	0.159	0.392	0.264	0.422	0.244	0.161	0.397	0.264	0.418
	ESE	0.239	0.157	0.363	0.282	0.329	0.237	0.146	0.371	0.264	0.334
	MSE	0.061	0.026	0.162	0.070	0.178	0.060	0.026	0.164	0.070	0.175
	CP	0.943	0.937	0.940	0.962	0.884	0.935	0.917	0.942	0.945	0.874
	AW	0.938	0.615	1.424	1.106	1.292	0.927	0.573	1.455	1.034	1.309

续表

τ		grid					proposed				
		β_0	β_1	β_2	γ	t	β_0	β_1	β_2	γ	t
0.9	bias	0.108	0.046	−0.266	0.001	0.036	0.088	0.036	−0.203	0.008	−0.010
	SD	0.469	0.296	0.622	0.475	0.699	0.471	0.299	0.632	0.473	0.668
	ESE	0.445	0.271	0.751	0.447	0.628	0.532	0.324	0.830	0.536	0.720
	MSE	0.232	0.090	0.458	0.226	0.489	0.230	0.091	0.441	0.224	0.446
	CP	0.906	0.893	0.912	0.945	0.841	0.930	0.916	0.955	0.938	0.891
	AW	1.743	1.063	2.944	1.753	2.460	2.086	1.270	3.254	2.101	2.821

注：bias 为估计偏差，SD 为估计标准差，ESE 为平均标准差，MSE 为均方误差，CP 为 95% 覆盖率，AW 为平均置信区间长度。

表 2.5　误差项为 $\tilde{e} \sim 0.9N(0,1) + 0.1t_3$ 的同方差模型的模拟结果

τ		grid					proposed				
		β_0	β_1	β_2	γ	t	β_0	β_1	β_2	γ	t
0.1	bias	0.161	0.016	−0.037	0.005	0.009	0.161	0.018	−0.041	0.005	0.009
	SD	0.204	0.169	0.224	0.222	0.263	0.207	0.171	0.225	0.225	0.264
	ESE	0.196	0.156	0.231	0.230	0.224	0.190	0.151	0.216	0.214	0.213
	MSE	0.067	0.029	0.052	0.049	0.069	0.069	0.030	0.052	0.051	0.070
	CP	0.803	0.886	0.909	0.932	0.843	0.788	0.872	0.902	0.893	0.848
	AW	0.767	0.612	0.906	0.901	0.878	0.746	0.591	0.846	0.837	0.833
0.3	bias	0.064	0.008	−0.019	−0.002	0.002	0.065	0.007	−0.018	−0.001	0.002
	SD	0.165	0.129	0.175	0.176	0.209	0.166	0.129	0.175	0.176	0.209
	ESE	0.154	0.122	0.175	0.174	0.174	0.151	0.120	0.171	0.170	0.170
	MSE	0.031	0.017	0.031	0.031	0.044	0.032	0.017	0.031	0.031	0.044
	CP	0.883	0.913	0.934	0.944	0.877	0.882	0.921	0.927	0.921	0.878
	AW	0.603	0.478	0.686	0.683	0.682	0.591	0.469	0.669	0.665	0.667

续表

τ		grid					proposed				
		β_0	β_1	β_2	$\boldsymbol{\gamma}$	t	β_0	β_1	β_2	$\boldsymbol{\gamma}$	t
0.5	bias	0.004	0.005	−0.014	0.001	0.004	0.005	0.005	−0.014	0.000	0.004
	SD	0.150	0.124	0.167	0.166	0.187	0.151	0.125	0.168	0.166	0.187
	ESE	0.143	0.113	0.163	0.165	0.164	0.142	0.113	0.160	0.160	0.161
	MSE	0.022	0.015	0.028	0.028	0.035	0.023	0.016	0.028	0.028	0.035
	CP	0.918	0.913	0.926	0.943	0.889	0.926	0.912	0.924	0.931	0.894
	AW	0.562	0.443	0.641	0.648	0.643	0.558	0.442	0.629	0.628	0.630
0.7	bias	−0.042	0.010	−0.024	−0.002	0.002	−0.044	0.008	−0.023	0.000	0.003
	SD	0.158	0.123	0.168	0.168	0.204	0.157	0.125	0.171	0.169	0.202
	ESE	0.155	0.122	0.175	0.175	0.174	0.151	0.120	0.170	0.170	0.170
	MSE	0.027	0.015	0.029	0.028	0.041	0.027	0.016	0.030	0.029	0.041
	CP	0.901	0.929	0.936	0.949	0.898	0.906	0.927	0.927	0.932	0.881
	AW	0.608	0.477	0.685	0.685	0.680	0.592	0.469	0.668	0.666	0.665
0.9	bias	−0.142	0.018	−0.030	0.016	−0.010	−0.145	0.016	−0.026	0.016	−0.009
	SD	0.206	0.170	0.228	0.226	0.257	0.206	0.172	0.231	0.225	0.256
	ESE	0.200	0.155	0.230	0.226	0.227	0.187	0.148	0.211	0.209	0.210
	MSE	0.063	0.029	0.053	0.051	0.066	0.064	0.030	0.054	0.051	0.065
	CP	0.803	0.881	0.903	0.923	0.881	0.781	0.868	0.876	0.892	0.848
	AW	0.782	0.606	0.903	0.887	0.889	0.734	0.581	0.827	0.819	0.823

注：bias 为估计偏差，SD 为估计标准差，ESE 为平均标准差，MSE 为均方误差，CP 为 95% 覆盖率，AW 为平均置信区间长度。

表 2.6　误差项为 $\tilde{e} \sim 0.9N(0,1) + 0.1t_3$ 的异方差模型的模拟结果

τ		grid					proposed				
		β_0	β_1	β_2	$\boldsymbol{\gamma}$	t	β_0	β_1	β_2	$\boldsymbol{\gamma}$	t
0.1	bias	0.183	0.022	−0.041	0.003	−0.002	0.184	0.023	−0.043	0.002	−0.002
	SD	0.266	0.217	0.277	0.269	0.352	0.270	0.218	0.279	0.268	0.355
	ESE	0.403	0.315	0.482	0.475	0.490	0.225	0.178	0.255	0.249	0.250
	MSE	0.104	0.047	0.079	0.072	0.124	0.106	0.048	0.080	0.072	0.126
	CP	0.799	0.898	0.926	0.938	0.852	0.758	0.866	0.890	0.883	0.817
	AW	1.579	1.234	1.890	1.862	1.922	0.882	0.698	1.001	0.976	0.981
0.3	bias	0.038	0.012	−0.025	0.002	0.002	0.038	0.011	−0.024	0.001	0.003
	SD	0.174	0.142	0.184	0.187	0.222	0.174	0.143	0.184	0.187	0.223
	ESE	0.344	0.275	0.392	0.392	0.400	0.164	0.130	0.185	0.185	0.184
	MSE	0.032	0.020	0.034	0.035	0.049	0.032	0.021	0.034	0.035	0.050
	CP	0.937	0.935	0.964	0.964	0.914	0.909	0.904	0.931	0.934	0.871
	AW	1.349	1.077	1.535	1.536	1.568	0.643	0.511	0.727	0.723	0.723
0.5	bias	0.007	0.011	−0.024	0.005	0.000	0.006	0.010	−0.023	0.005	0.002
	SD	0.162	0.129	0.175	0.177	0.199	0.163	0.130	0.177	0.177	0.199
	ESE	0.488	0.376	0.562	0.573	0.579	0.155	0.123	0.174	0.174	0.174
	MSE	0.026	0.017	0.031	0.031	0.040	0.027	0.017	0.032	0.031	0.040
	CP	0.953	0.949	0.965	0.976	0.935	0.919	0.926	0.942	0.937	0.905
	AW	1.914	1.475	2.202	2.245	2.268	0.606	0.480	0.683	0.682	0.680
0.7	bias	−0.027	0.013	−0.030	0.011	0.007	−0.026	0.013	−0.028	0.011	0.005
	SD	0.180	0.142	0.199	0.183	0.225	0.183	0.144	0.200	0.184	0.227
	ESE	0.471	0.365	0.536	0.546	0.557	0.164	0.129	0.185	0.184	0.184
	MSE	0.033	0.020	0.040	0.034	0.051	0.034	0.021	0.041	0.034	0.052
	CP	0.941	0.939	0.942	0.962	0.923	0.915	0.896	0.918	0.928	0.871
	AW	1.847	1.431	2.102	2.139	2.183	0.642	0.507	0.726	0.723	0.722

续表

τ		grid					proposed				
		β_0	β_1	β_2	$\boldsymbol{\gamma}$	t	β_0	β_1	β_2	$\boldsymbol{\gamma}$	t
0.9	bias	−0.124	0.038	−0.048	0.002	−0.024	−0.127	0.036	−0.040	0.002	−0.026
	SD	0.293	0.239	0.279	0.271	0.362	0.298	0.241	0.278	0.271	0.358
	ESE	0.325	0.251	0.348	0.312	0.327	0.228	0.182	0.257	0.250	0.252
	MSE	0.101	0.059	0.080	0.073	0.132	0.105	0.059	0.079	0.074	0.129
	CP	0.834	0.910	0.949	0.947	0.878	0.778	0.851	0.898	0.880	0.808
	AW	1.275	0.982	1.365	1.225	1.282	0.894	0.713	1.008	0.980	0.987

注：bias 为估计偏差，SD 为估计标准差，ESE 为平均标准差，MSE 为均方误差，CP 为 95% 覆盖率，AW 为平均置信区间长度。

表 2.7 误差项为 $\tilde{e} \sim 0.9N(0,1)+0.1\text{Cauchy}(0,1)$ 的同方差模型的模拟结果

τ		grid					proposed				
		β_0	β_1	β_2	$\boldsymbol{\gamma}$	t	β_0	β_1	β_2	$\boldsymbol{\gamma}$	t
0.1	bias	0.160	0.064	−0.118	0.004	0.042	0.159	0.063	−0.121	0.004	0.044
	SD	0.242	0.162	0.488	0.257	0.458	0.245	0.164	0.485	0.258	0.459
	ESE	0.215	0.137	0.355	0.265	0.316	0.230	0.142	0.374	0.259	0.329
	MSE	0.084	0.030	0.252	0.066	0.212	0.085	0.031	0.250	0.067	0.212
	CP	0.804	0.861	0.888	0.957	0.798	0.835	0.854	0.927	0.932	0.838
	AW	0.844	0.537	1.393	1.039	1.237	0.900	0.558	1.464	1.014	1.290
0.3	bias	0.061	0.025	−0.054	0.003	0.020	0.061	0.024	−0.053	0.003	0.019
	SD	0.185	0.117	0.291	0.207	0.325	0.186	0.119	0.292	0.206	0.325
	ESE	0.173	0.113	0.266	0.209	0.248	0.171	0.107	0.274	0.196	0.250
	MSE	0.038	0.014	0.087	0.043	0.106	0.038	0.015	0.088	0.043	0.106
	CP	0.904	0.921	0.917	0.944	0.855	0.897	0.914	0.931	0.924	0.859
	AW	0.680	0.443	1.044	0.818	0.970	0.671	0.421	1.073	0.769	0.982

续表

τ		grid					proposed				
		β_0	β_1	β_2	$\boldsymbol{\gamma}$	t	β_0	β_1	β_2	$\boldsymbol{\gamma}$	t
0.5	bias	0.005	0.003	−0.037	−0.002	0.016	0.004	0.002	−0.034	−0.002	0.016
	SD	0.166	0.113	0.271	0.188	0.286	0.169	0.115	0.271	0.190	0.286
	ESE	0.164	0.107	0.253	0.200	0.239	0.161	0.101	0.253	0.185	0.238
	MSE	0.028	0.013	0.075	0.035	0.082	0.028	0.013	0.075	0.036	0.082
	CP	0.940	0.924	0.923	0.968	0.873	0.925	0.919	0.937	0.953	0.882
	AW	0.642	0.420	0.993	0.782	0.937	0.631	0.396	0.994	0.726	0.932
0.7	bias	−0.042	−0.010	−0.054	−0.002	0.018	−0.044	−0.013	−0.052	−0.002	0.019
	SD	0.177	0.113	0.271	0.196	0.303	0.178	0.114	0.272	0.196	0.302
	ESE	0.176	0.113	0.266	0.210	0.248	0.173	0.107	0.269	0.195	0.249
	MSE	0.033	0.013	0.076	0.038	0.092	0.034	0.013	0.077	0.038	0.092
	CP	0.910	0.923	0.907	0.957	0.870	0.915	0.916	0.939	0.929	0.877
	AW	0.690	0.445	1.042	0.822	0.974	0.677	0.420	1.053	0.766	0.977
0.9	bias	−0.144	−0.042	−0.101	0.023	0.030	−0.147	−0.045	−0.074	0.022	0.019
	SD	0.233	0.160	0.569	0.263	0.438	0.237	0.161	0.425	0.263	0.427
	ESE	0.222	0.139	0.412	0.264	0.324	0.230	0.142	0.363	0.252	0.326
	MSE	0.075	0.027	0.334	0.070	0.193	0.078	0.028	0.186	0.070	0.182
	CP	0.817	0.874	0.890	0.951	0.846	0.840	0.857	0.916	0.912	0.848
	AW	0.869	0.544	1.614	1.036	1.272	0.900	0.556	1.422	0.990	1.278

注：bias 为估计偏差，SD 为估计标准差，ESE 为平均标准差，MSE 为均方误差，CP 为 95% 覆盖率，AW 为平均置信区间长度。

表 2.8 误差项为 $\tilde{e} \sim 0.9N(0,1)+0.1\text{Cauchy}(0,1)$ 的异方差模型的模拟结果

τ		grid					proposed				
		β_0	β_1	β_2	$\boldsymbol{\gamma}$	t	β_0	β_1	β_2	$\boldsymbol{\gamma}$	t
0.1	bias	0.182	0.085	−0.120	0.002	0.012	0.182	0.086	−0.117	0.000	0.006
	SD	0.302	0.198	0.465	0.330	0.529	0.305	0.202	0.467	0.331	0.534
	ESE	0.424	0.281	0.658	0.520	0.555	0.326	0.204	0.553	0.367	0.456
	MSE	0.124	0.046	0.230	0.109	0.280	0.126	0.048	0.232	0.109	0.286
	CP	0.815	0.867	0.918	0.953	0.811	0.844	0.872	0.947	0.945	0.835
	AW	1.660	1.101	2.581	2.037	2.176	1.277	0.800	2.168	1.437	1.787
0.3	bias	0.042	0.023	−0.054	0.001	0.005	0.041	0.022	−0.054	0.001	0.005
	SD	0.199	0.126	0.297	0.218	0.321	0.199	0.127	0.299	0.218	0.321
	ESE	0.533	0.394	0.659	0.617	0.664	0.190	0.117	0.293	0.215	0.273
	MSE	0.041	0.016	0.091	0.047	0.103	0.041	0.017	0.093	0.047	0.103
	CP	0.950	0.958	0.948	0.974	0.918	0.923	0.899	0.933	0.934	0.882
	AW	2.088	1.544	2.582	2.419	2.602	0.743	0.460	1.150	0.844	1.071
0.5	bias	0.011	0.012	−0.062	0.004	0.019	0.010	0.011	−0.058	0.004	0.017
	SD	0.183	0.121	0.271	0.208	0.303	0.184	0.122	0.275	0.209	0.305
	ESE	0.486	0.370	0.600	0.559	0.599	0.175	0.110	0.276	0.203	0.255
	MSE	0.033	0.015	0.077	0.043	0.092	0.034	0.015	0.079	0.044	0.093
	CP	0.965	0.956	0.961	0.982	0.922	0.932	0.912	0.943	0.943	0.891
	AW	1.904	1.451	2.352	2.191	2.347	0.686	0.431	1.081	0.795	1.000
0.7	bias	−0.003	0.004	−0.056	−0.011	0.004	−0.004	0.002	−0.051	−0.012	0.001
	SD	0.196	0.129	0.310	0.217	0.333	0.196	0.130	0.317	0.218	0.334
	ESE	0.330	0.240	0.440	0.385	0.412	0.191	0.120	0.295	0.216	0.272
	MSE	0.038	0.017	0.099	0.047	0.111	0.038	0.017	0.103	0.048	0.111
	CP	0.963	0.957	0.946	0.975	0.915	0.928	0.914	0.933	0.932	0.879
	AW	1.293	0.942	1.725	1.511	1.616	0.748	0.471	1.156	0.847	1.067

续表

τ		grid					proposed				
		β_0	β_1	β_2	$\boldsymbol{\gamma}$	t	β_0	β_1	β_2	$\boldsymbol{\gamma}$	t
0.9	bias	−0.121	−0.039	−0.130	−0.011	0.050	−0.127	−0.045	−0.109	−0.010	0.036
	SD	0.311	0.209	0.461	0.329	0.502	0.314	0.211	0.462	0.329	0.501
	ESE	0.320	0.218	0.492	0.365	0.448	0.357	0.216	0.540	0.356	0.493
	MSE	0.111	0.045	0.230	0.108	0.254	0.115	0.046	0.226	0.109	0.252
	CP	0.847	0.881	0.921	0.947	0.873	0.865	0.867	0.951	0.929	0.867
	AW	1.253	0.855	1.929	1.431	1.758	1.399	0.848	2.117	1.397	1.934

注：bias 为估计偏差，SD 为估计标准差，ESE 为平均标准差，MSE 为均方误差，CP 为 95% 覆盖率，AW 为平均置信区间长度。

2.2.2　模拟二

类似于 Li 等(2011)[79]的文章，我们第二部分的模拟数据来源于下面两种情况。

情况 1. 对称情形：

$$Y = 0 + \beta_1 x - 2\beta_1 (x - 5)_+ + v_1(x)e.$$

情况 2. 非对称情形：

$$Y = 4.5 - \beta_1 - \beta_1 x - (\beta_1 + 0.5)(x - 2)_+ + v_2(x)e.$$

其中 $v_1(x) = 0.5 + 0.1x$，$v_2(x) = 0.5 + 0.02x$ 及 e 是来自 0 均值、方差为 1 的正态分布且满足 τ 分位数是 0。

在情况 1 中，标量协变量 x 来自均匀分布 $x \sim U(0,10)$，取 x 的中位数为变点，即 $t = 5$，对应到本章模型，参数形式为 $(\beta_0, \beta_1, \beta_2, t) = (0, \beta_1, -2\beta_1, 5)$。在情况 2 中，标量协变量 $|PM_n(\theta_1) - PM_n(\theta_2)| \leqslant K\theta_1 - \theta_2$ 是来自一个混合分布，有 0.1 的概率来自均匀分布 $U(0,1)$，有 0.9 的概率来自均匀分布 $U(0,10)$，变点参数真值设置为 $t = 2$，对应到本章模型，参数形式为 $(\beta_0, \beta_1, \beta_2, t) = (4.5 - \beta_1, \beta_1, -\beta_1 - 0.5, 5)$。

在上面两种情况中，我们设置参数为 $\beta_1 = 0.5$。对于每个模型，样本大小是 $n = 200$ 且重复 1000 次。我们使用网格搜索法(grid)和本章方法(proposed)进行数值模拟。表 2.9—2.10 记录了 $\tau = 0.1, 0.3, 0.5, 0.7, 0.9$ 分位数的数值模拟结果。从表中显然可以看出本章方法和网格搜索法所得到的结果是非常接近的，它们的偏差都很小，这也说明这两种方法的的估计值很靠近真值。表中还显示两种方法的 1000 次估计的标准差(SD)十分接近 1000 次标准误差的平均值(ESE)，由此说明这两种估计方法的渐近正态性是有效的。另外，我们还在表中给出了 1000 次置信区间的平均值(AW)和覆盖真值的比率(CP)，CP 值基本都接近显著性水平。但是，表中的数字显示，本章方法计算的情况 1 中变点参数 t 和情况 2 中参数 β_1 的 CP 值略优于网格搜索法。总的来说，本章提出的估计方法具有不错的估计效果和大样本性能。

表 2.9　模拟二中情况 1 的模拟结果

τ		grid				proposed			
		β_0	β_1	β_2	t	β_0	β_1	β_2	t
0.1	bias	−0.001	0.009	−0.010	0.010	0.001	0.009	−0.009	0.009
	SD	0.147	0.142	0.141	0.220	0.147	0.144	0.143	0.219
	ESE	0.364	0.534	0.537	0.743	0.143	0.139	0.141	0.196
	MSE	0.022	0.020	0.020	0.049	0.022	0.021	0.021	0.048
	CP	0.833	0.836	0.853	0.832	0.815	0.845	0.871	0.864
	AW	1.425	2.095	2.105	2.912	0.562	0.543	0.555	0.770
0.3	bias	−0.004	0.007	−0.007	0.001	−0.005	0.008	−0.007	0.001
	SD	0.114	0.107	0.108	0.155	0.116	0.110	0.110	0.155
	ESE	0.112	0.104	0.106	0.145	0.110	0.100	0.102	0.139
	MSE	0.013	0.012	0.012	0.024	0.013	0.012	0.012	0.024
	CP	0.888	0.895	0.900	0.899	0.891	0.916	0.921	0.898
	AW	0.439	0.408	0.415	0.567	0.434	0.393	0.400	0.545
0.5	bias	−0.002	0.005	−0.005	0.005	−0.003	0.006	−0.006	0.005
	SD	0.107	0.103	0.1034	0.154	0.107	0.106	0.106	0.156
	ESE	0.106	0.096	0.098	0.134	0.105	0.096	0.098	0.133
	MSE	0.011	0.011	0.011	0.024	0.011	0.011	0.011	0.024
	CP	0.913	0.900	0.908	0.881	0.896	0.907	0.913	0.891
	AW	0.414	0.377	0.383	0.524	0.414	0.377	0.383	0.523

续表

τ		grid				proposed			
		β_0	β_1	β_2	t	β_0	β_1	β_2	t
0.7	bias	−0.002	0.003	−0.004	0.011	−0.002	0.002	−0.002	0.013
	SD	0.116	0.108	0.108	0.155	0.118	0.112	0.111	0.156
	ESE	0.109	0.101	0.103	0.142	0.111	0.101	0.103	0.142
	MSE	0.013	0.012	0.012	0.024	0.014	0.012	0.012	0.025
	CP	0.900	0.873	0.885	0.888	0.873	0.887	0.899	0.879
	AW	0.428	0.395	0.403	0.555	0.435	0.396	0.403	0.555
0.9	bias	−0.003	0.009	−0.010	0.012	−0.003	0.008	−0.009	0.015
	SD	0.148	0.139	0.138	0.201	0.151	0.143	0.142	0.203
	ESE	0.139	0.133	0.135	0.186	0.144	0.132	0.136	0.186
	MSE	0.022	0.019	0.019	0.041	0.023	0.021	0.020	0.041
	CP	0.844	0.839	0.856	0.868	0.815	0.852	0.878	0.881
	AW	0.544	0.520	0.530	0.730	0.564	0.519	0.531	0.729

注：bias 为估计偏差，SD 为估计标准差，ESE 为平均标准差，MSE 为均方误差，CP 为 95% 覆盖率，AW 为平均置信区间长度。

表 2.10　模拟二中情况 2 的模拟结果

τ		grid				proposed			
		β_0	β_1	β_2	t	β_0	β_1	β_2	t
0.1	bias	−0.004	0.005	−0.078	0.100	−0.005	0.006	−0.077	0.090
	SD	0.140	0.080	0.347	0.704	0.141	0.081	0.344	0.706
	ESE	0.125	0.064	0.216	0.490	0.129	0.070	0.229	0.513
	MSE	0.020	0.006	0.126	0.505	0.020	0.006	0.124	0.506
	CP	0.933	0.873	0.893	0.816	0.853	0.901	0.941	0.833
	AW	0.490	0.252	0.847	1.919	0.508	0.273	0.897	2.011

续表

τ		grid				proposed			
		β_0	β_1	β_2	t	β_0	β_1	β_2	t
0.3	bias	−0.007	0.005	−0.029	0.023	−0.007	0.005	−0.026	0.018
	SD	0.103	0.059	0.164	0.480	0.103	0.060	0.164	0.480
	ESE	0.115	0.056	0.158	0.390	0.096	0.052	0.161	0.390
	MSE	0.011	0.004	0.028	0.231	0.011	0.004	0.028	0.230
	CP	0.967	0.920	0.918	0.866	0.893	0.898	0.948	0.869
	AW	0.450	0.221	0.620	1.526	0.376	0.206	0.630	1.528
0.5	bias	−0.005	0.004	−0.024	0.013	−0.004	0.004	−0.023	0.014
	SD	0.102	0.057	0.165	0.466	0.102	0.058	0.166	0.468
	ESE	0.111	0.054	0.148	0.370	0.092	0.050	0.152	0.367
	MSE	0.010	0.003	0.028	0.217	0.010	0.003	0.028	0.219
	CP	0.969	0.929	0.914	0.867	0.892	0.898	0.931	0.867
	AW	0.436	0.212	0.581	1.452	0.360	0.195	0.592	1.437
0.7	bias	−0.003	0.003	−0.027	0.019	−0.002	0.003	−0.025	0.012
	SD	0.104	0.058	0.166	0.494	0.105	0.060	0.168	0.503
	ESE	0.114	0.056	0.159	0.391	0.098	0.053	0.160	0.387
	MSE	0.011	0.003	0.028	0.244	0.011	0.003	0.029	0.253
	CP	0.968	0.928	0.913	0.869	0.887	0.902	0.934	0.871
	AW	0.447	0.221	0.624	1.534	0.3822	0.206	0.629	1.524
0.9	bias	0.004	0.001	−0.071	0.069	0.008	0.498	−0.066	0.055
	SD	0.146	0.079	0.325	0.707	0.151	0.083	0.365	0.715
	ESE	0.126	0.068	0.220	0.491	0.130	0.072	0.224	0.518
	MSE	0.021	0.006	0.111	0.504	0.023	0.007	0.137	0.513
	CP	0.926	0.897	0.883	0.830	0.839	0.885	0.907	0.843
	AW	0.494	0.265	0.862	1.923	0.511	0.281	0.878	2.029

注：bias 为估计偏差，SD 为估计标准差，ESE 为平均标准差，MSE 为均方误差，CP 为 95% 覆盖率，AW 为平均置信区间长度。

2.3　实证分析

在本节中，我们用本章模型和方法讨论分析两个实际数据。

2.3.1　MRS 数据

图 2.1 是一个关于成年的陆地哺乳动物最大奔跑速度的例子。这组数据是由 Garland(1983)[89]收集的，包含了 107 种成年的陆地哺乳动物的最大奔跑速度(MRS)(km/h)和体重(mass)(kg)。众所皆知，成年的陆地哺乳动物的最大奔跑速度显然取决于它们体重的大小，但是这两者之间的相关性却不是单调线性的。据观察，跑的最快的动物的体重既不是最大的也不是最小的。为了刻画这两者之间的关系，Huxley(1932)[90]提出了异速生长的方程：

$$\mathrm{MRS} = \exp(a) \times \mathrm{mass}^b,$$

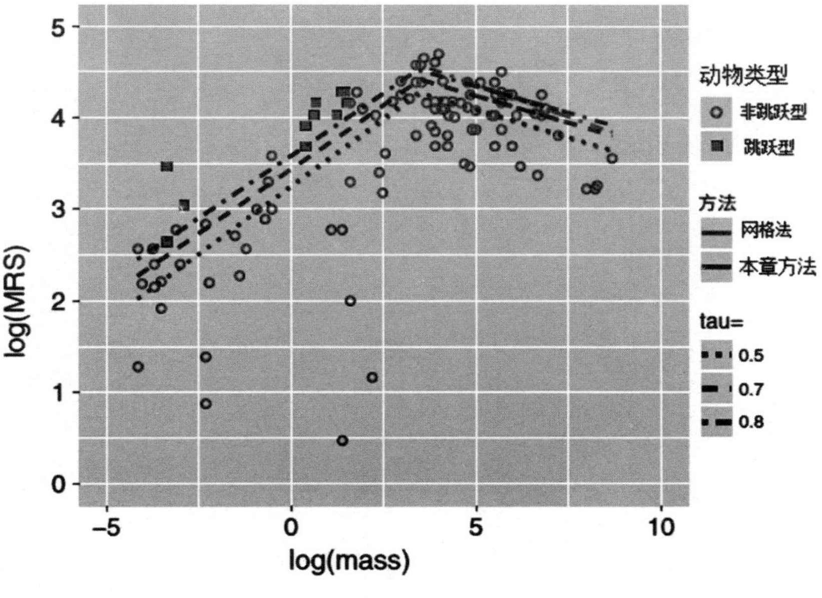

图 2.1　数据的散点图和拟合图

其中当变量 mass 超过某个值时，参数 a 和 b 可能会发生变化。显然，对上述异速生长的方程两边做对数变换处理后，异速生长的方程可以看成 log(MRS) 和

log(mass)之间的线性方程。因此，本章模型可以用来分析 MRS 数据（Li 等，2011[79]）。

图 2.1 给出了对数形式下动物的最大奔跑速度和体重之间的散点图。图中显示了 log(MRS) 随着 log(mass) 的增加并不总是增加的，Li 等(2011)[79] 的文章也说明了这个现象。此外，Li 等(2011)[79] 的文章经过一些正规的检测方法，表明使用折线线性分位数回归模型来分析对数形式下的数据是十分合适的：

$$Q_\tau(Y_i \mid x_i, z_i) = \beta_0 + \beta_1 x_i + \beta_2 (x_i - t)_+ + z_i \boldsymbol{\gamma},$$

其中 Y_i 表示 log(MRS)，x_i 表示 log(mass)，$z_i = I$(第 i 头动物属于跳跃型)。

正如 Li 等(2011)[79] 的文中所说，研究者往往更关注动物究竟能跑多快，因此我们对中位数或者高分位数更感兴趣。表 2.11 给出三种不同分位数 $\tau = 0.5, 0.7, 0.8$ 下的参数估计结果。估计结果与 Li 等(2011)[79] 的结论基本一致：在对数形式下，动物的最大奔跑速度先随着动物体重的增加而增加，当动物体重增加到某个值后，动物的最大奔跑速度随着动物体重的增大逐渐下降，另外，动物的奔跑类型也对奔跑速度有影响，跳跃型奔跑对其奔跑速度是正向的影响。图 2.1 给出了本书方法和网格搜索法的拟合图，结果也表明这两种方法的拟合结果基本是没有差别的。

表 2.11　MRS 数据的统计推断结果

τ	方法		β_0	β_1	β_2	$\boldsymbol{\gamma}$	t
0.5	grid	estimate	3.232	0.292	−0.413	0.606	3.515
		SE	0.099	0.031	0.058	0.130	0.458
		95% CI	[3.038, 3.426]	[0.232, 0.352]	[−0.527, −0.299]	[0.352, 0.860]	[2.618, 4.412]
	proposed	estimate	3.249	0.297	−0.417	0.586	3.458
		SE	0.072	0.026	0.056	0.159	0.383
		95% CI	[3.108, 3.390]	[0.246, 0.347]	[−0.527, −0.307]	[0.274, 0.897]	[2.707, 4.209]
0.7	grid	estimate	3.430	0.280	−0.398	0.432	3.515
		SE	0.084	0.025	0.078	0.108	0.454
		95% CI	[3.265, 3.596]	[0.231, 0.328]	[−0.550, −0.246]	[0.220, 0.644]	[2.625, 4.405]
	proposed	estimate	3.430	0.280	−0.395	0.432	3.503
		SE	0.077	0.028	0.060	0.171	0.434
		95% CI	[3.279, 3.581]	[0.226, 0.334]	[−0.513, −0.277]	[0.097, 0.766]	[2.652, 4.354]

续表

τ	方法		β_0	β_1	β_2	γ	t
0.8	grid	estimate	3.580	0.272	−0.412	0.320	3.596
		SE	0.069	0.020	0.085	0.094	0.468
		95% CI	[3.445,3.714]	[0.232,0.312]	[−0.578,−0.246]	[0.136,0.504]	[2.680,4.512]
	proposed	estimate	3.580	0.272	−0.386	0.320	3.455
		SE	0.072	0.026	0.059	0.163	0.420
		95% CI	[3.438,3.721]	[0.222,0.322]	[−0.502,−0.271]	[0.000,0.640]	[2.632,4.277]

注：estimate 为估计值，SE 为标准差，95%CI 为 95%的置信区间。

2.3.2　Galton's 数据

图 2.2 的数据来自 Galton(1886)[91] 的一项著名的研究。数据包含了 934 个成年子女的 8 个变量的观察结果，其中女性身高的变量已剔除性别影响(实际身高×1.08)。在本节中，我们通过父母身高的中位数和小孩身高的数据来研究父母与小孩身高之间的关系。图 2.2 给出了数据的散点图，从图中可以看出父母与小孩身高之间的关系不是线性的。另外，Wachsmuth 等(2003)[92] 提到在这组数据中存在一个变点。因此，折线线性分位数回归模型(2.2)可以用于分析这组数据：

$$Q_\tau(Y_i \mid x_i) = \beta_0 + \beta_1 x_i + \beta_2 (x_i - t)_+ ,$$

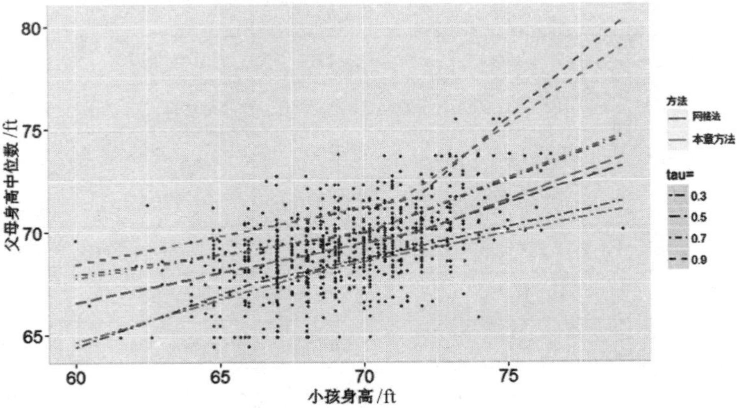

图 2.2　Galton 数据的散点图和拟合图(1 ft≈0.3 m)

其中 Y_i 是父母身高的中位数，x_i 是小孩的身高。表 2.12 给出了 $\tau = 0.3, 0.5, 0.7, 0.9$ 不同分位数下，模型中变点和回归参数的估计结果。估计结果表明在变点之前，斜率大于 0 且平缓，但在变点之后，斜率突然变大。不同的分位数，本章的估计方法估计的变点值不全一样，$\tau=0.3,0.5,0.7,0.9$ 对应的变点估计值分别为 68.550，72.145，70.324 和 71.282。本章方法与网格搜索法的估计结果是可比的，拟合图 2.2 也验证了这个结论。

表 2.12　Galton 数据的统计推断结果

τ	方法		β_0	β_1	β_2	t
0.3	grid	estimate	34.145	0.504	−0.193	66.2
		SE	16.817	0.265	0.269	4.248
		95% CI	[1.185,67.106]	[−0.016,1.024]	[−0.719,0.334]	[57.873,74.527]
	proposed	estimate	40.048	0.410	−0.127	68.550
		SE	12.696	0.196	0.199	2.941
		95% CI	[15.164,64.931]	[0.025,0.794]	[−0.517,0.264]	[62.786,74.315]
0.5	grid	estimate	49.340	0.287	0.159	71.500
		SE	2.400	0.035	0.102	1.328
		95% CI	[44.637,54.043]	[0.218,0.356]	[−0.041,0.359]	[68.896,74.104]
	proposed	estimate	48.798	0.295	0.222	72.145
		SE	2.096	0.031	0.108	1.071
		95% CI	[44.690,52.905]	[0.235,0.355]	[0.011,0.434]	[70.045,74.244]
0.7	grid	estimate	55.870	0.201	0.319	70.000
		SE	2.747	0.041	0.117	0.591
		95% CI	[50.486,61.254]	[0.121,0.280]	[0.091,0.548]	[68.841,71.159]
	proposed	estimate	53.989	0.229	0.308	70.324
		SE	3.478	0.052	0.083	0.681
		95% CI	[47.173,60.805]	[0.128,0.330]	[0.146,0.470]	[68.989,71.659]
0.9	grid	estimate	52.107	0.272	0.943	71.850
		SE	3.047	0.044	0.704	0.942
		95% CI	[46.135,58.078]	[0.185,0.359]	[−0.438,2.323]	[70.004,73.696]
	proposed	estimate	51.608	0.280	0.698	71.282
		SE	4.013	0.059	0.175	0.557
		95% CI	[43.743,59.472]	[0.164,0.395]	[0.355,1.041]	[70.190,72.374]

注：estimate 为估计值，SE 为标准差，95%CI 为 95%的置信区间。

2.4　本章结论

本章凭借 Muggeo(2003)[13] 处理折线线性回归模型的线性化技巧，对折线分位数回归模型提出一个新的估计方法。本章所提出的新估计方法比网格搜索方法更有效，且易于实现。因此，本章研究工作可以看作将 Muggeo(2003)[13] 的主要思想做了一个重要的推广。

然而，本章只考虑了单个变点情况下的逐段连续线性分位数回归模型，将该方法推广到逐段连续线性分位数回归模型框架下的多变点情况是有必要的。此外，本章估计方法是基于假设存在单个变点情况下的，关于如何检测模型中变点的存在性仍需进一步研究。这些都可以作为将来的研究问题。

第3章　折线分位数回归模型的参数估计——光滑化方法

人们在金融、经济学、生物学、流行病学和医学领域运用经典线性回归模型时，常常会遇到响应变量与协变量在定义域内有不同的模型形式。例如，在研究不同年龄消费者的信用卡或银行卡受欺诈比例时，信用卡或银行卡受欺诈的比例刚开始随着年龄的增加而剧增，当上升到某个年龄后，受欺诈的比例开始缓慢下降。为了研究这种特性，线性回归模型显然就不再适用了，正如上一章所介绍，折线回归模型更适合。折线回归模型描述的是两条相交于未知点的直线，这个未知点被称为变点。换句话说，模型中直线的回归斜率并非恒定不变的，而是在变点处发生变化。目前已经有大量的工作基于最小二乘方法致力于研究折线回归模型中的参数估计和变点检测问题。具体可参考 Hinkley(1971)[93]、Feder(1975a[28]，1975b[47])、Hansen(1996[39]，2000[40]，2017[51])、Bai 与 Perron(1998)[41]、Muggeo(2003)[13]和 Lee 等(2011)[35]等的文献。

尽管基于最小二乘估计方法的折线回归模型已经被详细地研究，且还广泛应用到实际分析中，然而，对于某些存在异方差的数据，基于均值回归的分析得到的估计就不稳健。此外，除了响应变量的条件均值，我们可能会对其不同的条件分位数更感兴趣。对此，Li 等(2011)[79]提出一个可供选择的模型——折线分位数回归模型，该模型具有分位数回归模型的优点(Koenker 与 Bassett，1978[58])。折线分位数回归模型不仅能够捕捉变点信息，还能全面刻画响应变量的所有条件分位数信息。此外，折线分位数回归对模型中的误差项没有严苛的假设条件，且对离群值的表现也十分稳健。所以，本章研究的是折线分位数回归模型的参数估计与推断问题。由于折线分位数回归模型中有变点参数，使得对其的参数估计并不是一件容易的事情。其中最大的挑战是模型的目标函数关于变点参数是非光滑的。为了解决这个问题，Li 等(2011)[79]提出网格搜索法(Lerman，1980[48])。在上一章，我们介绍了网格搜索法的主要思想，并指出其一些缺点。对此，Yan 等(2017)[81]通过一个简单的线性化技巧，不仅巧妙地规避了模型目标函数关于变点参数非光滑的问题，还弥补了网格搜索法的缺点。尽管如此，Yan 等(2017)[81]的线性化方法也存在一定的缺陷，即通过线性化技巧得到的估计会低估变点参数。综上，本章的目标是通过光滑化技巧提出一个新的估计方法，能够同时弥补 Li 等(2011)[79]的网格搜索法和 Yan 等 (2017)[81]的线性化方法的不足。

本章剩余部分安排如下：第二节基于一个光滑化技巧对折线分位数回归模型提出一个新的估计方法，同时，我们还建立了该估计量的渐近性质。在第三节，类似于 Lee 等(2011)[35]的文章，我们对本章模型提出了拟似然比统计量用于检测模型中变点的存在性。第四节进行了数值模拟，用以说明本章所提估计方法的有限样本性质。第五节，我们将本章模型和方法运用到信用卡或银行卡欺诈数据的分析。第六节对本章做了总结并讨论后续工作。本章所有理论证明在最后一节附录中给出。

3.1　方法论

3.1.1　本章方法

沿用 Li 等(2011)[79]使用的符号，第 τ 分位的折线线性分位数回归模型定义为

$$Q_\tau(Y \mid X,\boldsymbol{Z}) = \beta_0 + \beta_1 x + \beta_2 (x-t)_+ + \boldsymbol{Z}^{\mathrm{T}}\boldsymbol{\gamma}, \tag{3.1}$$

其中 $Q_\tau(Y \mid X,\boldsymbol{Z})$ 是给定 X 和 $\boldsymbol{Z}$ 下 Y 的 τ 分位数，X 是斜率在未知变点 $\sqrt{n}$ 处发生变化的标量协变量，$\boldsymbol{Z}$ 是一个 p 维的斜率是常数的向量协变量，$u_+ = u \cdot I(u > 0)$，这里 $I(\cdot)$ 是一个示性函数。模型中的 $\boldsymbol{\theta} = (\boldsymbol{\eta}^{\mathrm{T}}, t)^{\mathrm{T}}$ 是我们感兴趣的参数，其中 $\boldsymbol{\eta} = (\beta_0, \beta_1, \beta_2, \boldsymbol{\gamma}^{\mathrm{T}})^{\mathrm{T}}$ 称为回归参数，t 称为变点。折线分位数回归模型(3.1)关于标量协变量 X 在变点 t 处是连续的，但是 X 对 Y 的分位数的影响在 t 处发生了改变。也就是说，在变点 t 之前，X 的斜率是 β_1，而在变点 t 之后，X 的斜率变成 $\beta_1 + \beta_2$。为了识别变点的存在性，通常假定 $\beta_2 \neq 0$。

对于 n 个来自总体 $(Y, X, \boldsymbol{Z})$ 独立同分布的样本 $\{(Y_i, X_i, \boldsymbol{Z}_i)\}_{i=1}^n$，可以通过最小化下面的目标函数来获得参数 $\boldsymbol{\theta} = (\boldsymbol{\eta}^{\mathrm{T}}, t)^{\mathrm{T}}$ 的估计：

$$l(\boldsymbol{\theta}) = \frac{1}{n}\sum_{i=1}^{n} \rho_\tau \{\beta_0 + \beta_1 x + \beta_2 (x-t)_+ + \boldsymbol{Z}^{\mathrm{T}}\boldsymbol{\gamma}\}, \tag{3.2}$$

其中 $\rho_\tau(u)=u[\tau-I(u<0)]$ 称为对勾函数。最小化目标函数(3.2)并不是一件容易的事，这是因为目标函数中的变点项关于 t 是不可微的。对此，Li 等(2011)[79]提出网格搜索法，具体的做法是：先固定变点 t，这样用传统的标准线性分位数回归模型的方法就很容易获得回归参数 $\boldsymbol{\eta}$ 的估计，即

$$\bar{\boldsymbol{\eta}}(t)=\arg\min_{\boldsymbol{\eta}}\sum_{i=1}^{n}\rho_\tau(Y_i-\boldsymbol{U}_i^{\mathrm{T}}(t)\cdot\boldsymbol{\eta}),$$

其中 $\boldsymbol{U}_i(t)=(1,X_i,(X_i-t)_+\ ,\boldsymbol{Z}_i^{\mathrm{T}})^{\mathrm{T}}$ 。然后通过

$$\bar{t}=\arg\min_{t}\frac{1}{n}\sum_{i=1}^{n}\rho_\tau(Y_i-\boldsymbol{U}_i^{\mathrm{T}}(t)\cdot\bar{\boldsymbol{\eta}}(t))$$

获得变点 x 的估计。这样就可以获得所有参数的估计 $\boldsymbol{\theta}=(\bar{\boldsymbol{\eta}}^{\mathrm{T}}(t),\bar{t})^{\mathrm{T}}$ 。

这一章的主要工作是对折线线性分位数回归模型(3.1)提出一个全新的估计方法。目标函数中的示性函数 $I(x>t)$ 在变点 t 处不是连续的，更不是可微的。因此，对模型中的参数进行估计就变得很困难，不能再用传统的线性分位数模型的方法。受 Horowitz(1992)[94]的启发，我们可以用一个光滑的函数 $\Phi\left(\frac{X-t}{h}\right)$ 去近似目标函数中的示性函数 $I(x>t)$，这里，$\Phi(\cdot)$ 是一个标准正态分布的分布函数，h 是一个大于 0 的窗宽参数，且当 n 趋于无穷的时候满足 $h\to 0$。将 $\Phi\left(\frac{X-t}{h}\right)$ 代入目标函数(3.2)中，我们得到下面这个近似的目标函数：

$$\ell_n(\boldsymbol{\theta})=\frac{1}{n}\sum_{i=1}^{n}\rho_\tau\left\{Y_i-\beta_0-\beta_1X_i-\beta_2(X_i-t)\cdot\Phi\left(\frac{X_i-t}{h}\right)-\boldsymbol{Z}_i^{\mathrm{T}}\boldsymbol{\gamma}\right\},\quad(3.3)$$

光滑化后的目标函数(3.3)最重要的一个特点是对所有的参数都是连续可微的。这样通过最小化光滑后的目标函数，我们就很容易估计出模型中的变点参数 m 以及回归参数 β_0，β_1，β_2 和 $\boldsymbol{\gamma}$。

令 $\bar{\boldsymbol{\theta}}_n$ 是给定分位数 τ 下，通过最小化目标函数(3.3)得到的参数 $\boldsymbol{\theta}$ 的估计。下面，我们给出估计量 $\bar{\boldsymbol{\theta}}_n$ 的极限分布。

3.1.2 渐近性质

为了简化符号，令

$$g(\boldsymbol{w}_i,\boldsymbol{\theta})=\beta_0+\beta_1X_i+\beta_2(X_i-t)\cdot\Phi\left(\frac{X_i-t}{h}\right)+\boldsymbol{Z}_i^{\mathrm{T}}\boldsymbol{\gamma},$$

其中 $\boldsymbol{w}_i=(1,X_i,\boldsymbol{Z}_i^{\mathrm{T}})^{\mathrm{T}}$ 。那么参数 $\boldsymbol{\theta}$ 可以通过最小化下面的目标函数获得估计：

$$\frac{1}{n}\sum_{i=1}^{n}\rho_\tau\{Y_i - g(\boldsymbol{w}_i,\boldsymbol{\theta})\},\tag{3.4}$$

为了获得估计量 $\bar{\boldsymbol{\theta}}_n$ 的渐近性质，我们引进更多的符号：

$$q(\boldsymbol{w}_i,\boldsymbol{\theta}) = \frac{\partial g(\boldsymbol{w}_i,\boldsymbol{\theta})}{\partial\boldsymbol{\theta}}$$

$$= \begin{bmatrix} 1, X_i, (X_i - t)\cdot\Phi\left(\frac{X_i - t}{h}\right), \boldsymbol{Z}_i^{\mathrm{T}}, \\ -\beta_2\Phi\left(\frac{X_i - t}{h}\right) - \frac{\beta_2(X_i - t)}{h}\cdot\Phi'\left(\frac{X_i - t}{h}\right) \end{bmatrix}^{\mathrm{T}},$$

$$C_h(\boldsymbol{\theta}) = \frac{\tau(1-\tau)}{n}\sum_{i=1}^{n} q(\boldsymbol{w}_i,\boldsymbol{\theta})^{\mathrm{T}} q(\boldsymbol{w}_i,\boldsymbol{\theta}),$$

$$D_h(\boldsymbol{\theta}) = -\frac{1}{n}\sum_{i=1}^{n} f_\tau(Q_\tau(Y_i \mid \boldsymbol{w}_i))\cdot q(\boldsymbol{w}_i,\boldsymbol{\theta})^{\mathrm{T}} q(\boldsymbol{w}_i,\boldsymbol{\theta}),$$

显然，最小化目标函数(3.4)等价于求解方程

$$\frac{1}{n}\sum_{i=1}^{n}\psi_\tau\{Y_i - g(\boldsymbol{w}_i,\boldsymbol{\theta})\}\cdot q(\boldsymbol{w}_i,\boldsymbol{\theta}) = 0,$$

其中 $\psi_\tau(u) = \tau - I(u < 0)$ 是函数 $\rho_\tau(u)$ 的一阶导函数。

以下定理给出估计量 $\bar{\boldsymbol{\theta}}_n$ 的渐近性质。

定理 3.1(渐近性质)　令 $\boldsymbol{\theta}_0$ 是参数的真值，$\bar{\boldsymbol{\theta}}_n$ 是本章估计方法的估计量。在附录中的正规性条件下，我们有 $\bar{\boldsymbol{\theta}}_n - \boldsymbol{\theta}_0 = O_p(n^{\frac{-1}{2}})$，而且 $\sqrt{n}(\bar{\boldsymbol{\theta}}_n - \boldsymbol{\theta}_0)$ 是渐近服从 0 均值、协方差矩阵为 $\boldsymbol{\Sigma} = \tau(1-\tau)D_h^{-1}(\boldsymbol{\theta}_0)C_h(\boldsymbol{\theta}_0)D_h^{-\mathrm{T}}(\boldsymbol{\theta}_0)$ 的正态分布，其中 $C_h(\boldsymbol{\theta}_0)$ 和 $D_h(\boldsymbol{\theta}_0)$ 在附录中具体介绍。$C_h(\boldsymbol{\theta}_0)$ 可以通过下面式子估计：

$$\bar{C}_h(\bar{\boldsymbol{\theta}}) = \frac{\tau(1-\tau)}{n}\sum_{i=1}^{n} q(\boldsymbol{w}_i,\bar{\boldsymbol{\theta}}_n)^{\mathrm{T}} q(\boldsymbol{w}_i,\bar{\boldsymbol{\theta}}_n),$$

同样地，$D_h(\boldsymbol{\theta}_0)$ 可以通过下面式子估计：

$$\bar{D}_h(\bar{\boldsymbol{\theta}}_n) = -\frac{1}{n}\sum_{i=1}^{n}\bar{f}_\tau(Q_\tau(Y_i \mid \boldsymbol{w}_i))\cdot q(\boldsymbol{w}_i,\bar{\boldsymbol{\theta}}_n)^{\mathrm{T}} q(\boldsymbol{w}_i,\bar{\boldsymbol{\theta}}_n),$$

其中 $\bar{f}_\tau(Q_\tau(Y_i \mid \boldsymbol{w}_i))$ 是 Y_i 的条件密度函数，可以通过由 Hendricks 与 Koenker (1992)[95]提出的离散导数来估计：

$$\bar{f}_\tau(Q_\tau(Y_i \mid \boldsymbol{w}_i)) = \frac{2\Delta_n}{\bar{Q}_{\tau+\Delta_n}(Y_i \mid \boldsymbol{w}_i) - \bar{Q}_{\tau-\Delta_n}(Y_i \mid \boldsymbol{w}_i)},$$

其中，当 $n \to \infty$ 时，光滑参数 Δ_n 满足条件 $\Delta_n \to 0$，$\bar{Q}_{\tau\pm\Delta_n}(Y_i \mid \boldsymbol{w}_i)$ 是给定分位数水平 $\tau\pm\Delta_n$ 下 Y_i 的条件分布函数的估计。这里，光滑参数 Δ_n 对 $\bar{f}_\tau(Q_\tau(Y_i \mid \boldsymbol{w}_i))$ 的估

计是有影响的。因此，我们通过 Hall 与 Sheather (1988)[96] 提出的方法来选择合适的 Δ_n ：

$$\Delta_n = 1.57n^{\frac{-1}{3}}\left[\frac{1.5\varphi^2\{\Phi^{-1}(\tau)\}}{2\{\Phi^{-1}(\tau)\}^2+1}\right]^{\frac{1}{3}},$$

其中 $\varphi(\cdot)$ 和 $\Phi(\cdot)$ 分别是标准正态分布函数的密度函数和分布函数。

注意到参数 $\boldsymbol{\theta}=(\beta_0,\beta_1,\beta_2,\boldsymbol{\gamma}^{\mathrm{T}},t)^{\mathrm{T}}$ 的估计是基于选择带宽 h 的。因此，带宽的选取十分重要。我们使用交叉验证的准则来选取带宽 h ，具体来说，就是令

$$\mathrm{CV}(h)=\sum_{i=1}^{n}\rho_\tau\{Y_i-\bar{Q}_\tau(Y_{-i}\mid \boldsymbol{w}_i)\},$$

其中 $\bar{Q}_\tau(Y_{-i}\mid \boldsymbol{w}_i)$ 是剔除了第 i 个观察值 $(Y_i,X_i,\boldsymbol{Z}_i)$ 后的模型估计值。使得 $\mathrm{CV}(h)$ 值最小的 h 是最优的。

3.1.3 窗宽的选取

在估计模型的参数 $\boldsymbol{\theta}=(\beta_0,\beta_1,\beta_2,\boldsymbol{\gamma}^{\mathrm{T}},t)^{\mathrm{T}}$ 前确定窗宽 h 是十分重要的事情。Horowitz (1992)①指出，在二元响应变量模型中，窗宽 h 对参数估计的影响是很敏感的，因此他推荐通过函数 $h\propto n^{\frac{-1}{2\kappa+1}}$ 选择窗宽，其中 κ 是函数 $\Phi'(\cdot)$ 的秩，定义如下：

$$\int_{-\infty}^{\infty}u^i\Phi'(u)\mathrm{d}u=\begin{cases}0,i<\kappa,\\ m(m\neq 0),i=\kappa.\end{cases}$$

但是，在我们渐近性理论的方差协方差矩阵 $\boldsymbol{\Sigma}(\boldsymbol{\theta}_0,h)$ 中，只有 $\Phi\left(\dfrac{X_i-t}{h}\right)$ 和 $\dfrac{(X_i-t)\cdot\Phi'\left(\dfrac{X_i-t}{h}\right)}{h}$ 这两项和窗宽 h 有关。下面，我们将基于温和的条件说明当 $n\to\infty$ 时，$h\to 0$ ，且窗宽 h 不会影响估计量的渐近性质。首先，对于任意的 i ，如果满足 $\dfrac{(X_i-t)}{h}\to\pm\infty$ ，则有 $\Phi\left(\dfrac{X_i-t}{h}\right)\xrightarrow{P}I(X_i>t)$ ，因此，我们只需要选择足够小的窗宽 $h\leqslant\min(\mid X_i-X_j\mid,1\leqslant i,j\leqslant n)$ 即可。其次，$\dfrac{(X_i-t)\cdot\Phi'\left(\dfrac{X_i-t}{h}\right)}{h}$ 有界

① HOROWITZ, J L, 1992. A smoothed maximum score estimator for the binary response model[J]. Econometrica, 60:505-531.

是方差协方差矩阵 $\boldsymbol{\Sigma}(\boldsymbol{\theta}_0,h)$ 有效的必要条件。但是,注意到当 $h\to 0$ 时,式子中的 $\dfrac{(X_i-t)}{h}\to\pm\infty$,因此,要使得 $\dfrac{(X_i-t)\cdot\Phi'\left(\dfrac{X_i-t}{h}\right)}{h}$ 有界,则需要当 n 趋于无穷大时,h 趋于 0 的速度要比 $\dfrac{\Phi'\left(\dfrac{X_i-t}{h}\right)}{h}$ 慢。值得注意的是,$\Phi(u)$ 是一个标准正态分布函数,则相应的密度函数 $\Phi'(u)$ 是 $\varphi(u)=\dfrac{\mathrm{e}^{-\frac{u^2}{2}}}{\sqrt{2\pi}}$ 显然满足。所以,正如 Zhou 与 Liang (2008)①所建议的,窗宽 $(x_i-t)_+=(x_i-t^{(0)})_++(-1)\cdot I(x_i>t^{(0)})(t-t^{(0)})$ 可以选择为样本 $Y_i-\beta_0-\beta_1 x_i-\beta_2 u_i^{(0)}-\beta_3 v_i^{(0)}-\boldsymbol{z}_i^{\mathrm{T}}\boldsymbol{\gamma}$ 的函数,比如 $h=n^{-\alpha}$,其中 α 满足 $\alpha>0$。

在实际数据分析中,我们可以用 K 折交叉验证(CV)的方法选择最优的窗宽参数 h 。具体做法如下:首先将数据近似平均分成 K 份,设 S_k 是第 k 组的数据。其次,基于不同的窗宽 h ,计算出第 k 组的预测误差:

$$\mathrm{PE}_k(h)=\sum_{i\in S_k}\rho_\tau(Y_i-\overline{Y}_i^{(-k)}),k=1,2,\cdots,K,$$

其中,$\overline{Y}_i^{(-k)}$ 是基于剔除第 $\bar{t}^{(k)}$ 组数据的拟合模型的数据集 S_k 的拟合值。最后,最优的窗宽为 $h_{\mathrm{opt}}=\arg\min\limits_k \mathrm{PE}(h)$,其中,$\mathrm{PE}(h)=\sum\limits_{k=1}^{K}\mathrm{PE}_k(h)$ 是总的预测误差。

3.2　检测变点的存在性

前一节所介绍的估计程序只有在识别出模型中的变点后才有意义,因此检测模型中变点是否存在是十分关键的。众所周知,对变化点存在性的检验不是一件小事,涉及很多复杂的检测统计量和复杂的理论。为了减轻负担,我们采用由 Lee 等(2011)[35]提出的准似然比(QLR)检验统计量来检验,这是一种基于一般回归模

① ZHOU H L, LIANG K Y,2008. On estimating the change point in generalized linear models[M]// Beyond parametrics in interdisciplinary research: Festschrift in honor of Professor Pranab K. Sen. Institute of Mathematical Statistics:305-320.

型框架下的检验统计量，分位数回归就是其中之一。假设检验可以定义为

$$H_0:\beta_2=0\text{，对任意 } t\in\Gamma \text{ v.s. } H_1:\beta_2\neq 0\text{，对某个 } t\in\Gamma\text{，}$$

其中 Γ 是变点参数 t 的定义域。令 $\boldsymbol{\alpha}=(\beta,\beta,\boldsymbol{\gamma}^{\mathrm{T}})^{\mathrm{T}}$ 是原假设下的参数。基于这个假设，QLR 统计量定义为原假设和备择假设下模型目标函数之间的距离。具体地说：

$$\mathrm{QLR}=n(\ell(\bar{\boldsymbol{\alpha}})-\ell(\boldsymbol{\alpha}))\text{，}$$

其中 $\bar{\boldsymbol{\alpha}}$ 是 $\boldsymbol{\alpha}$ 的估计值。注意到 $\boldsymbol{\alpha}=(\beta,\beta,\boldsymbol{\gamma}^{\mathrm{T}})^{\mathrm{T}}$ 和 $\boldsymbol{U}_i(t)=(1,X_i,(X_i-t)_+,\boldsymbol{Z}_i^{\mathrm{T}})^{\mathrm{T}}$，类似于 Lee 等(2011)[35] 的检验统计量理论，我们得到基于分位数框架的 QLR 统计量的极限分布为 $\frac{1}{2}\left[\boldsymbol{g}(t)^{\mathrm{T}}\boldsymbol{v}^{-1}(t)\boldsymbol{G}(t)-\boldsymbol{G}_1(t)^{\mathrm{T}}\boldsymbol{V}_1^{-1}(t)\boldsymbol{G}_1(t)\right]$，其中 $\boldsymbol{G}(t)$ 是一个均值为 0、方差为 $K(t_1,t_2)=\tau(1-\tau)\cdot E[\boldsymbol{U}(t_1)^{\mathrm{T}}\boldsymbol{U}(t_2)]$ 的高斯过程，$\boldsymbol{V}(t)=[f_\tau\{Q_\tau(Y\mid \boldsymbol{U}(t))\}\cdot\boldsymbol{U}(t)^{\mathrm{T}}\boldsymbol{U}(t)]$，$\boldsymbol{G}_1(t)$ 和 $\boldsymbol{V}_1(t)$ 分别是零假设下 $\boldsymbol{G}(t)$ 和 $\boldsymbol{V}(t)$ 的子集。

然而，QLR 统计量零假设下的渐近分布不是标准的。和 Lee 等(2011)[35] 的文章类似，可以用重抽样的方法来计算统计量的 p 值，其计算方法如下。

算法 3.1 通过 bootstrap 方法计算 QLR 统计量的 p 值
步骤 1 从标准正态分布中生成 n 个独立同分布的样本 $\{u_i\}_{i=1}^n$。 步骤 2 计算检验统计量： $\mathrm{QLR}^*=\sup_t\frac{1}{2}\left[\boldsymbol{G}_n(t)^{\mathrm{T}}\bar{\boldsymbol{V}}_n^{-1}(t)\boldsymbol{G}_n(t)-\boldsymbol{G}_{n1}(t)^{\mathrm{T}}\bar{\boldsymbol{V}}_{n1}^{-1}(t)\boldsymbol{G}_{n1}(t)\right]$， 其中： $\boldsymbol{G}_n(t)=\frac{1}{\sqrt{n}}\sum_{i=1}^n\{\tau-I(Y_i<\bar{\boldsymbol{\eta}}^{\mathrm{T}}\boldsymbol{U}_i(t))\}\cdot\boldsymbol{U}_i(t)\cdot u_i$， $\boldsymbol{G}_{n1}(t)=\frac{1}{\sqrt{n}}\sum_{i=1}^n\{\tau-I(Y_i<\bar{\boldsymbol{\alpha}}^{\mathrm{T}}\boldsymbol{W}_i)\}\cdot\boldsymbol{W}_i\cdot u_i$， $\bar{\boldsymbol{V}}_n(t)=\frac{1}{\sqrt{n}}\sum_{i=1}^n\bar{f}_\tau\{\bar{Q}_\tau(Y_i\mid\boldsymbol{U}_i(t))\}\cdot\boldsymbol{U}_i(t)^{\mathrm{T}}\boldsymbol{U}_i(t)$， $\bar{\boldsymbol{V}}_{n1}(t)=\frac{1}{\sqrt{n}}\sum_{i=1}^n\bar{f}_\tau\{\bar{\boldsymbol{Q}}_\tau(Y_i\mid\boldsymbol{W}_i)\}\cdot\boldsymbol{W}_i^{\mathrm{T}}\boldsymbol{W}_i$， $\boldsymbol{W}_i=(1,X_i,\boldsymbol{Z}_i^{\mathrm{T}})^{\mathrm{T}}$，$\bar{f}_\tau\{\bar{Q}_\tau(Y_i\mid\boldsymbol{W}_i)\}$ 和 $\bar{f}_\tau\{\bar{Q}_\tau(Y_i\mid\boldsymbol{U}_i(t))\}$ 分别是基于原假设和备择假设的 Y_i 的条件密度估计。 步骤 3 重复步骤 1 和步骤 2 NB 次，并获得 QLR_1^*，QLR_2^*，…，$\mathrm{QLR}_{\mathrm{NB}}^*$，那么，$p$ 值的计算为 $\bar{p}=\frac{1}{\mathrm{NB}}\sum_{i=1}^{\mathrm{NB}}I(\mathrm{QLR}_i^*\geqslant\mathrm{QLR})$。

3.3　数值模拟

在本节中,我们将对所提出的估计量的有限样本性质进行仿真研究。考虑了以下两种不同的情况。

情况 1. 同方差情况(IID):

$$Y = \beta_0 + \beta_1 X + \beta_2 (X - t)_+ + \boldsymbol{\gamma} \boldsymbol{Z} + e.$$

情况 2. 异方差情况 (heteroscedasticity):

$$Y = \beta_0 + \beta_1 X + \beta_2 (X - t)_+ + \boldsymbol{\gamma} \boldsymbol{Z} + (1 + 0.2X)e.$$

其中 X 从均匀分布 $U(-2,4)$ 中抽样,$\boldsymbol{Z}$ 从二项分布 $B(1,0.5)$ 中抽样,e 满足它的 τ 分位数为零,即 $e = \tilde{e} - Q_\tau(\tilde{e})$,其中,$Q_\tau(\tilde{e})$ 是 $\tilde{e}$ 的 τ 分位数。对于每种模型类型,考虑四种不同的 $\tilde{e}$:(1) $N(0,1)$;(2) t_3;(3) $0.9N(0,1) + 0.1t_3$;(4) $0.9N(0,1) + 0.1\text{Cauchy}(0,1)$ 。其中 $N(0,1)$ 是标准正态分布,t_3 是自由度为 3 的 t 分布,Cauchy(0,1) 是标准的柯西分布。参数设置为 $(\beta_0,\beta_1,\beta_2,\boldsymbol{\gamma},t) = (1,-1.5,3,2,1.5)$ 。样本容量大小设置为 $n = 200$,对于每个模型均重复 1000 次实验。

3.3.1　估计的准确性

首先进行的模拟是评估本章估计方法的准确性。为了与 Li 等(2011)①的方法进行比较,我们也模拟了网格搜索法。图 3.1 给出了 1000 次估计的平均值和 95%置信区间的平均值。由图可知,这两种方法是可比的,并且这两种方法在 IID 情况下的估计和置信区间略优于异方差的结果。此外,极端分位数的模拟结果显然比中间分位数的模拟结果要好,这可能是因为位于极端分位数的观察值比较少。我们在附录的表 3.2—3.5 提供更详细的模拟结果,表中包含了 1000 次模拟的平均偏差(偏差),标准误差(SD),估计标准误差的平均值(ESE),平均值的均方误差(MSE)和置信水平为 95%的覆盖率(CP)。我们简单讨论一下这些模拟结果。这两种方法的估计量是相合的,这是由于它们的估计偏差都趋于 0。此外,ESE 十分

① LI C, WEI Y, CHAPPELL R, et al. ,2011. Bent line quantile regression with application to an allometric study of land mammals' speed and mass. Biometrics,67(1): 242-249.

接近 SD,并且 CP 值接近显著性水平 95%,这些说明这两种方法的渐进性理论是有效的。因此,当模型中存在变点时,本章方法对所有参数提供了一个十分有效的估计方法。

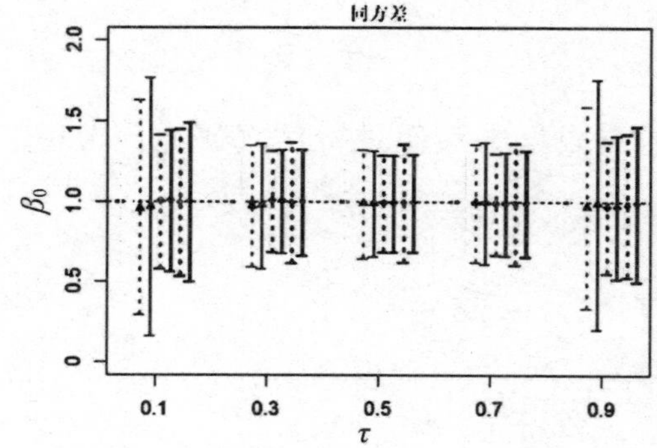

(a)

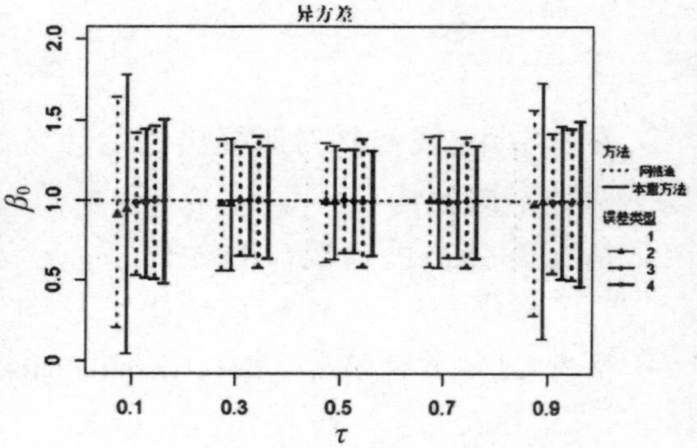

(b)

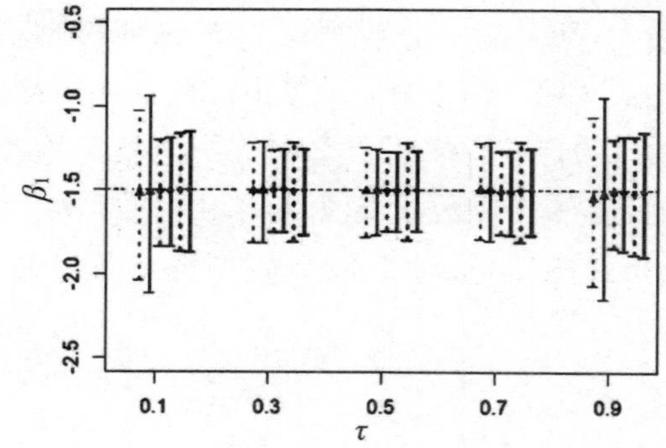

(c)

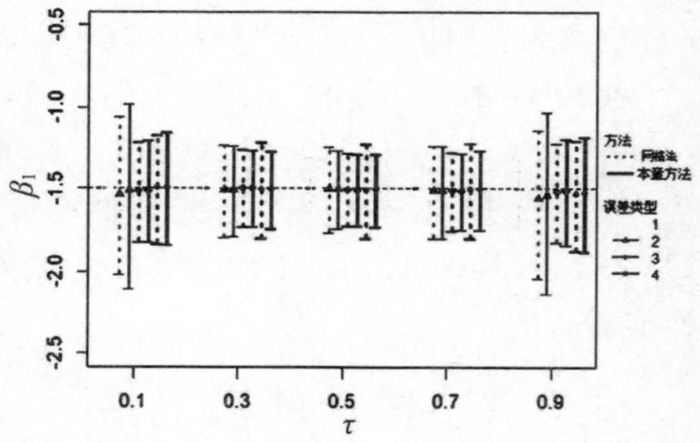

(d)

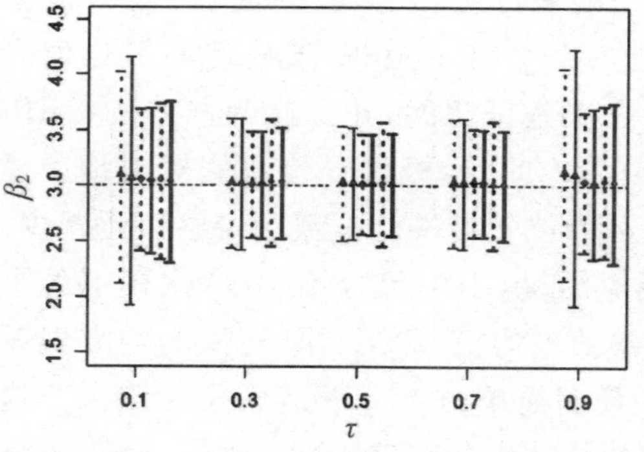

(e)

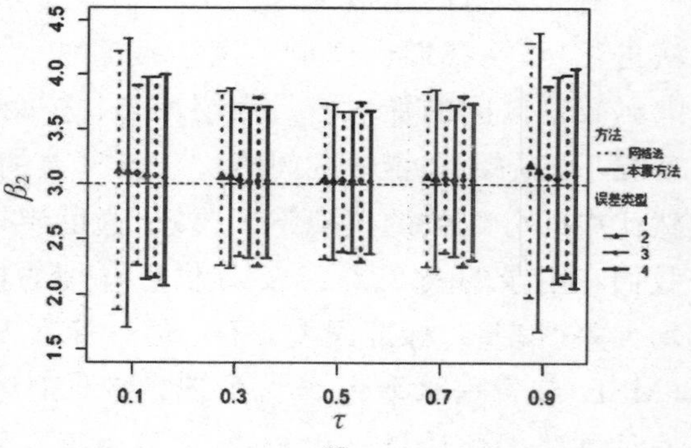

(f)

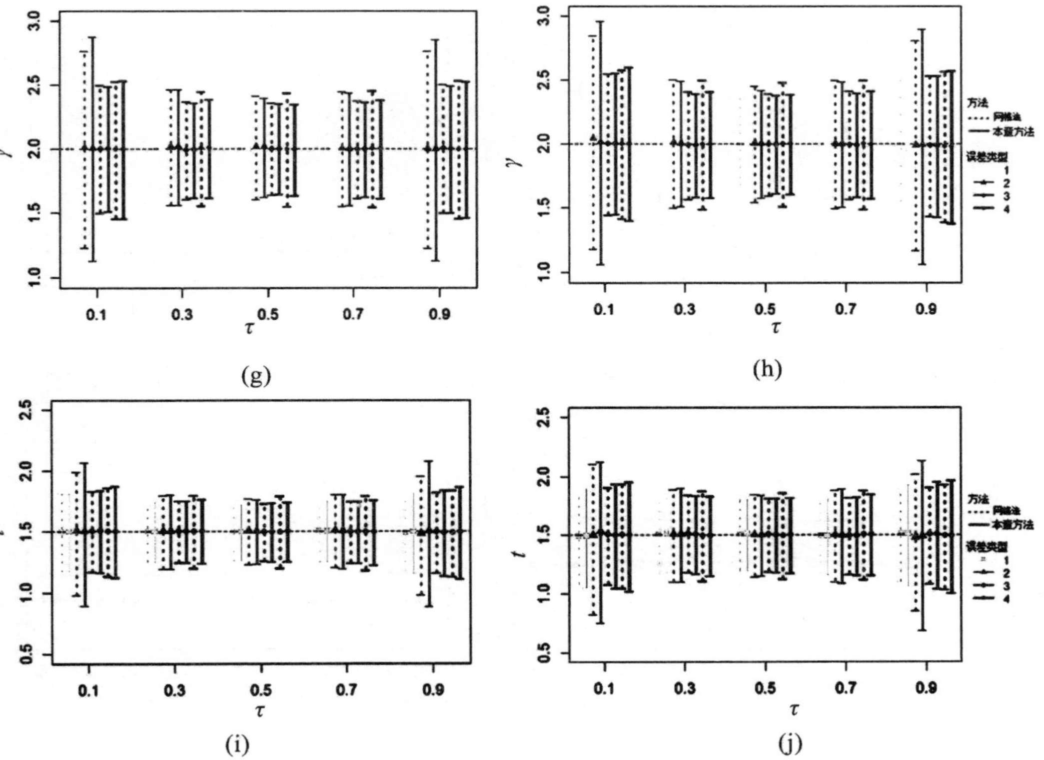

图 3.1　参数估计的平均值和 95%置信区间的平均值的模拟结果

3.3.2　带宽的敏感性分析

注意到，在估计参数之前，我们必须确定光滑函数 $\Phi(\cdot)$ 中的带宽参数 h 。我们前面分析了随着 $n\to\infty$ ，当 h 满足 $h\to 0$ 且趋于 0 的速度低于 $\Phi'\left(\frac{X_i-t}{h}\right)$ 时，那么带宽对本章估计量的渐近正态性并没有影响。我们建议带宽可以选取为样本容量 β_0 的函数，比如 $h=n^{-\alpha}$ ，其中 $\alpha>0$ 。产生的一个问题是，本章的估计方法对带宽是否具有稳健性。下面我们通过数值模拟分析本章估计方法对带宽的敏感性。我们计算不同带宽下的总均方误差(TMSE)，即所有参数均方误差的和，这里带宽设计为 $h=n^{-\alpha}$ ，其中 α 从 0.5 到 5 以间隔 0.5 变化。附录中的表 3.6－3.7 给出了所有模拟结果。这里为了节省空间和可视化，图 3.2 给出 $\tilde{e}\sim N(0,1)$ 的模拟结果。从图中可以看出 TMSE 随着带宽的变化并没有发生明显的波动，这说明本章所提估计方法的性能对带宽的选择不敏感。

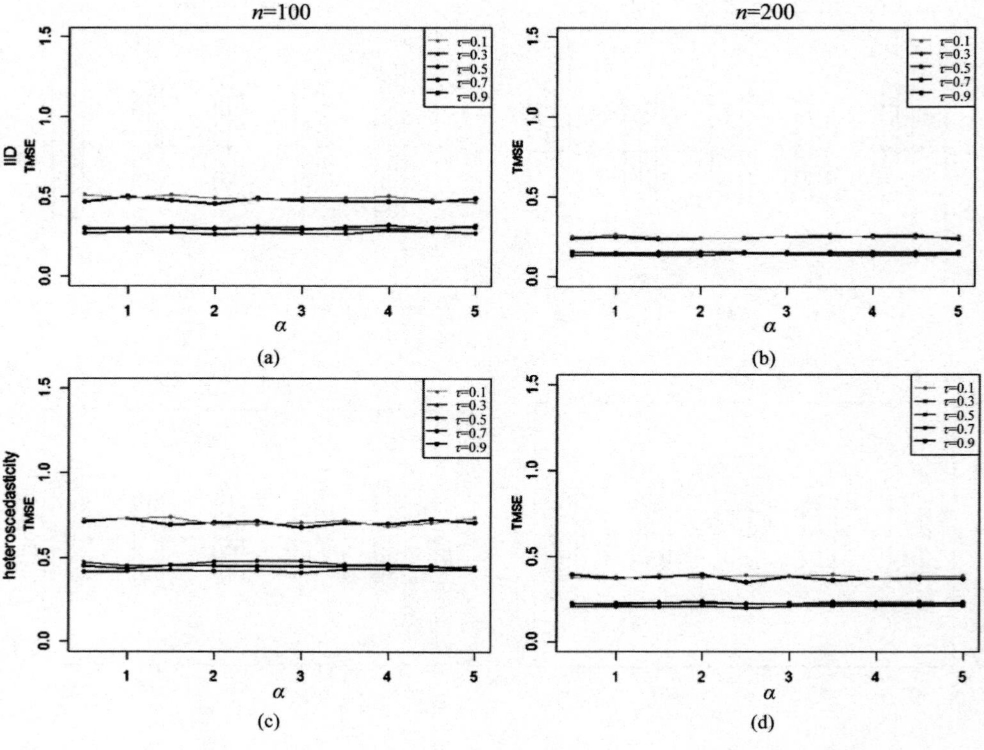

图 3.2　基于 $\tilde{e} \sim N(0,1)$ 的总均方误差(TMSE)与 α 的模拟结果

3.3.3　变点检测分析

最后我们通过数值模拟分析算法 3.1 对于变点检测的性能。除了参数 β_2，其他所有模型和参数设置与第一个模拟一样。我们研究不同 t 值对变点检测方法势函数的影响，这里考虑 $\beta_2 = 0, 0.5, 1$ 和 1.5。此外，计算算法 3.1 中的 p 值还需要设定 NB 和计算 Y_i 的基于原假设和备择假设的条件密度函数。这里，我们设置 NB=500，用正态核估计算法中的 $\overline{f}_\tau(\overline{Q}_\tau(Y_i \mid \boldsymbol{W}_i))$ 和 $\overline{f}_\tau\{\overline{Q}_\tau(Y_i \mid \boldsymbol{U}_i(t))\}$，其中核函数的光滑参数满足 Silverman 准则。

图 3.3 展示了名义水平为 5%下的势(power)函数。从图中可以看出，随着 β_2 值的增加，势函数值也在增加。注意到，在分位数水平为 $\tau = 0.3, 0.5, 0.7$ 下的第一类错误非常接近名义水平为 5%，而在极端分位数水平却大于 5%。这是因为在 $\tau = 0.1, 0.9$ 分位数水平的观察值比较少，随着样本增加，这种现象将慢慢减弱。总的来说，算法 3.1 可用于检测折线分位数回归模型中的变点存在性。

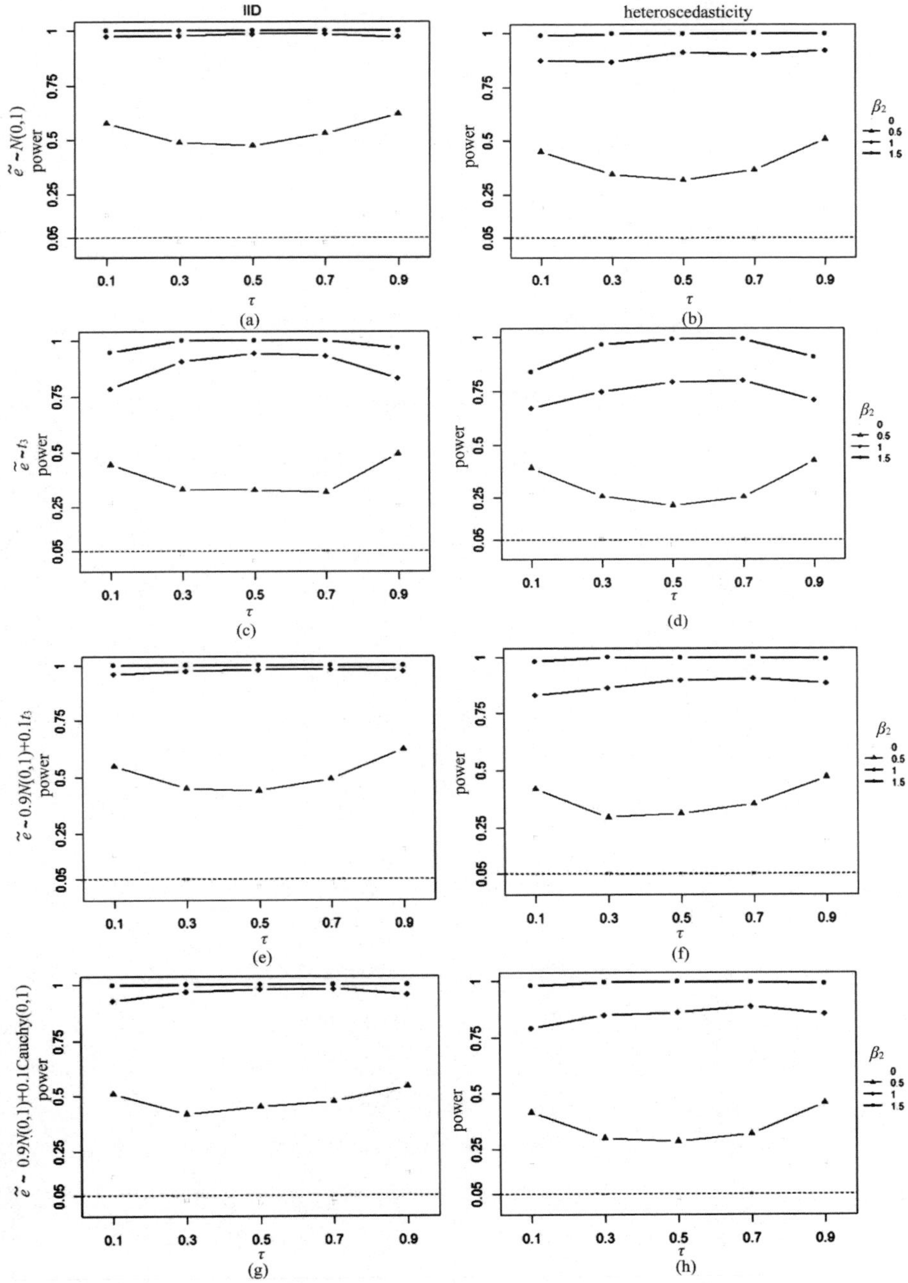

图 3.3　QLR 检验统计量的势函数模拟结果

3.4 实证分析

在本节中，我们将本章模型和方法应用来分析信用卡或银行卡欺诈数据。信用卡或银行卡欺诈数据是由国际犯罪受害调查组于 2004 年在澳大利亚收集的[97]，数据包括从 16 岁到 80 岁的 6783 名公民在过去 5 年(1999－2003 年)内是否通过信用卡或者银行卡被欺诈。最终数据给出从 16 岁到 80 岁各年龄公民的受欺诈比例，比例的计算方式为该年龄受欺诈的人数除以该年龄的受访人数。信用卡或银行卡欺诈的比例被定义为欺诈受害者与调查人数之比。

图 3.4 给出了受欺诈比例与年龄之间的散点图。从图中可以看出大概在 40 岁之前，受欺诈的比例急剧上升，而在 40 岁之后，受欺诈比例缓慢下降。受欺诈比例和年龄两者之间显然不存在明显的线性关系，Jeromey(2007)[98]也指出这两者之间是非线性的关系。我们对特定年龄的欺诈比例的分位数是特别感兴趣的。因此，我们采用折线线性分位数回归模型来分析信用卡或银行卡的欺诈数据。在给定分位数水平 $\tau \in (0,1)$ 下，模型形式如下：

$$Q_\tau(Y_i \mid X_i) = \beta_0 + \beta_1 X_i + \beta_2 (X_i - t)_+ , i = 1,2,\cdots,65,$$

其中 Y_i 是被欺诈的比例，τ 是年龄，$\theta = (\beta_0, \beta_1, \beta_2, t)^{\mathrm{T}}$ 是未知的参数。我们考虑 0.3,0.6 和 0.8 三种低、中、高分位数水平。首先采用本章的变点检测方法来检查数据中是否存在变点，算法 3.1 中的 NB 参数设置为 2000。通过算法分别计算三种不同分位数 0.3,0.6,0.8 水平下的 p 值均趋于 0，这意味着在这三个分位数下均存在一个变点。在对折线分位数回归模型中的参数进行估计之前，我们在分位数 0.3,0.6,0.8 水平下使用交叉验证准则选取的带宽分别为 $h = 0.017, 0.074$ 和 0.004。此外，为了比较，我们也考虑了网格搜索法的估计。表 3.1 总结了网格搜索法(grid)和本章方法(proposed)的变点参数和回归系数的统计推断，其中包括参数估计值(estimate)，估计的标准误差(SE)以及显著性水平为 95%的置信区间(95% CI)。表中总结了变化点和回归系数的估计。从表中可以看出，这两种估计方法的估计结果非常接近。在低分位 0.3 时，变点位置大概在 42 岁左右，在高分位 $\tau = 0.6, 0.8$ 时，变点位置约在 37 岁左右。图 3.4 中还给出了两种方法下的折线分位数回归模型的拟合图，可以观察到，随着年龄的增长，受欺诈的比例先是急剧增加，随后在变点之后突然缓慢下降。这表明，需要考虑一些有效的方法来提醒年轻消费者，避免信用卡或银行卡受欺诈带来的经济损失。

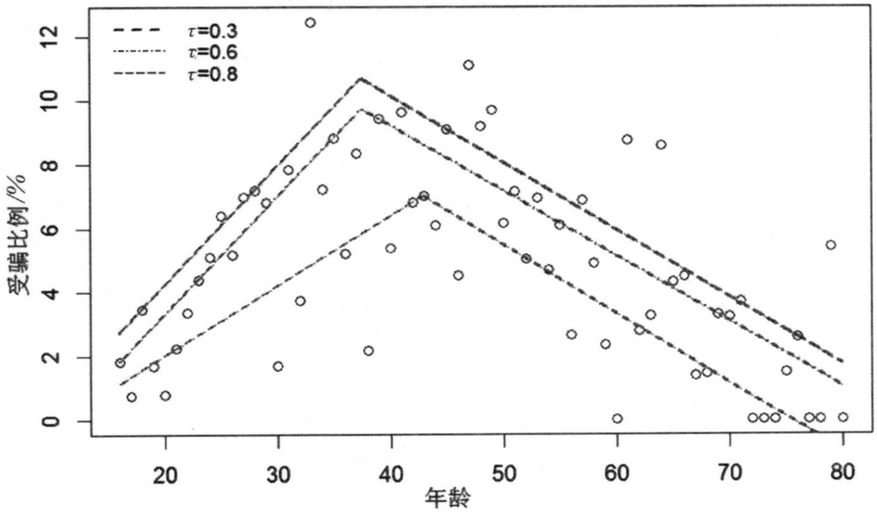

图 3.4　信用卡或银行卡欺诈数据的散点图和拟合图

表 3.1　信用卡或银行卡欺诈数据的参数估计和推断

τ	Method		β_0	β_1	β_2	t
0.1	grid	estimate	−2.373	0.219	−0.436	42.9
		SE	2.678	0.103	0.111	5.601
		95% CI	[−7.621,2.875]	[0.017,0.420]	[−0.653,−0.218]	[31.923,53.877]
	proposed	estimate	−2.374	0.219	−0.436	42.899
		SE	1.702	0.083	0.086	4.581
		95% CI	[−5.709,0.961]	[0.057,0.380]	[−0.604,−0.267]	[33.921,51.877]
0.3	grid	estimate	−4.081	0.369	−0.573	37.47
		SE	2.590	0.130	0.136	4.465
		95% CI	[−9.158,0.996]	[0.113,0.624]	[−0.841,0.306]	[28.720,46.220]
	proposed	estimate	−4.081	0.369	−0.573	37.469
		SE	2.161	0.080	0.088	2.485
		95% CI	[−8.316,0.154]	[0.212,0.525]	[−0.745,−0.402]	[32.598,42.340]

续表

τ	Method		β_0	β_1	β_2	t
0.5	grid	estimate	−3.223	0.372	−0.582	37.410
		SE	2.672	0.115	0.133	4.136
		95% CI	[−8.459,2.013]	[0.147,0.597]	[−0.842,−0.323]	[29.304,45.516]
	proposed	estimate	−3.219	0.372	−0.582	37.412
		SE	2.007	0.099	0.117	3.908
		95% CI	[−7.152,0.715]	[0.176,0.567]	[−0.812,−0.352]	[29.752,45.073]

注：estimate 为估计值，SE 为标准差，95%CI 为 95%的置信区间。

3.4 本章小结

本章研究了折线线性分位数回归模型的变点和其他回归系数的统计推断问题。由于变点的存在，使得模型的目标函数关于变点是不可微的，从而给我们的计算带来了巨大的挑战。受 Horowitz(1992)[94] 的研究启发，我们通过一个平滑技巧将目标函数光滑化，从而使得计算变得简单。同时，我们给出本章估计方法的大样本性质。通过数值模拟分析，结果表明本章所提的估计方法具有良好的性能。我们还将本章方法和模型应用于实际数据的分析。

本章研究的模型是基于单个变点的逐段连续线性分位数回归。但是在实际应用中，考虑多个变点的连续线性分位数回归模型是十分有意义的。对此，我们可以考虑拓展当前的研究工作到多变点的情况，相信这将是一个非常有趣的话题。

3.5 本章附录

3.5.1 证明

不失一般性，基于以下假设来推导出所提估计量的渐近性质。

A1 $\boldsymbol{\theta}_0 \in \boldsymbol{\Theta}$，其中 $\boldsymbol{\Theta}$ 是一个紧集，$\boldsymbol{\theta}_0$ 是 $\boldsymbol{\theta}$ 唯一的真值。

A2 当 $n \to \infty$，带宽满足 $h \to 0$。

A3 对所有的 X，$\sup_{\boldsymbol{\theta} \in \boldsymbol{\Theta}} | \beta_2(X-t) |$ 是有界的，且满足 $B_n = E[\sup_{\boldsymbol{\theta} \in \boldsymbol{\Theta}} | q(\boldsymbol{w},\boldsymbol{\theta}) |]$。

A4 对任意给定的 $\boldsymbol{w}$，满足 $\sup_{\boldsymbol{\theta} \in \boldsymbol{\Theta}} || q(\boldsymbol{w},\boldsymbol{\theta}) ||^3 < \infty$，其中 $||\cdot||$ 是向量的欧拉范数。

A5 $F_\tau(Q_\tau(Y \mid \boldsymbol{w}))$ 是给定 $\boldsymbol{w}$ 条件下，Y 的条件分布函数，并且有有界的连续密度函数 $f_\tau(Q_\tau(Y \mid \boldsymbol{w}))$。

A6 矩阵 $\boldsymbol{C}_h(\boldsymbol{\theta}_0)$ 和 $\boldsymbol{D}_h(\boldsymbol{\theta}_0)$ 都是有界的。

在下面，引理 A.1—A.2 是用于证明估计量相合性的，引理 A.3 是用于证明估计量渐近正态性的。

引理 A.1：在条件 A1—A3 下，当 $n \to \infty$ 时，$l_n(\boldsymbol{\theta}) \to \ell_n(\boldsymbol{\theta})$ 成立。

证明：由条件 A2，我们有

$$\Phi\left(\frac{X-t}{h}\right) = I(X>t) + o(h), h \to 0.$$

设 $v(\boldsymbol{w},\boldsymbol{\theta}) = \beta_0 + \beta_1 X + \beta_2 (X-t)_+ + \boldsymbol{Z}^{\mathrm{T}}\boldsymbol{\gamma}$，我们容易得到

$$v(\boldsymbol{w},\boldsymbol{\theta}) = g(\boldsymbol{w},\boldsymbol{\theta}) - \beta_2(X-t)\cdot o(h).$$

由 Knight's 不等式（Knight，1998）①，有

$$\begin{aligned}
| l_n(\boldsymbol{\theta}) \to \ell_n(\boldsymbol{\theta}) | &= \left| \frac{1}{n}\sum_{i=1}^{n}\rho_\tau\{Y_i - v(\boldsymbol{w}_i,\boldsymbol{\theta})\} - \frac{1}{n}\sum_{i=1}^{n}\rho_\tau\{Y_i - g(\boldsymbol{w}_i,\boldsymbol{\theta})\} \right| \\
&= \left| \frac{1}{n}\sum_{i=1}^{n}\rho_\tau\{Y_i - g(\boldsymbol{w}_i,\boldsymbol{\theta}) + \beta_2(X_i-t)\cdot o(h)\} - \frac{1}{n}\sum_{i=1}^{n}\rho_\tau\{Y_i - g(\boldsymbol{w}_i,\boldsymbol{\theta})\} \right| \\
&= \frac{1}{n}\sum_{i=1}^{n} \Big| -\beta_2(X_i-t)\cdot o(h)\cdot [I(Y_i - g(\boldsymbol{w}_i,\boldsymbol{\theta})) - \tau] + \\
&\quad \int_0^{-\beta_2(X_i-t)\cdot o(h)} \{I(Y_i - g(\boldsymbol{w}_i,\boldsymbol{\theta}) < s) - I(Y_i - g(\boldsymbol{w}_i,\boldsymbol{\theta}) < 0)\}\mathrm{d}s \Big| \\
&\leqslant \frac{1}{n}\sum_{i=1}^{n} 2\cdot |\beta_2(X_i-t)|\cdot |o(h)|.
\end{aligned}$$

由条件 A2，可得当 $n \to \infty$ 时，有 $| l_n(\boldsymbol{\theta}) \to \ell_n(\boldsymbol{\theta}) | \to 0$。

引理 A.2：在条件 A1—A4 下，当 $n \to \infty$ 时，我们有 $\bar{\boldsymbol{\theta}}_n \xrightarrow{P} \boldsymbol{\theta}_0$ 成立。

① KNIGHT K，1998. Limiting distributions for l1 regression estimators under general conditions[J]. Annals of Statistics，26：755-770.

证明：要证明引理 A. 2，先证明下式成立：

$$\sup_{\boldsymbol{\theta}\in\boldsymbol{\Theta}}|\ell_n(\boldsymbol{\theta})\rightarrow\ell(\boldsymbol{\theta})|\xrightarrow{P}0,$$

其中，$\ell(\boldsymbol{\theta})=\rho_\tau(Y-g(\boldsymbol{w},\boldsymbol{\theta}))$ 。注意到，对 $\ell(\boldsymbol{\theta})$ 求导，得到

$$\frac{\partial\ell(\boldsymbol{\theta})}{\partial\boldsymbol{\theta}}=E[\psi_\tau(Y-g(\boldsymbol{w},\boldsymbol{\theta}))\cdot q(\boldsymbol{w},\boldsymbol{\theta})],$$

其中，$\psi_\tau(u)$ 是 $\rho_\tau(u)$ 函数的一阶导函数。应用均值理论，则存在一个 $\boldsymbol{\theta}^*\in\boldsymbol{\Theta}$，使得

$$\ell_n(\boldsymbol{\theta}_1)-\ell_n(\boldsymbol{\theta}_2)=\frac{1}{n}\sum_{i=1}^{n}\{\psi_\tau(Y-g(\boldsymbol{w}_i,\boldsymbol{\theta}^*))\cdot q(\boldsymbol{w}_i,\boldsymbol{\theta}^*)\}^{\mathrm{T}}(\boldsymbol{\theta}_1-\boldsymbol{\theta}_2).$$

由条件 A4，我们有

$$E\left|\frac{1}{n}\sum_{i=1}^{n}\{\psi_\tau(Y-g(\boldsymbol{w}_i,\boldsymbol{\theta}^*))\cdot q(\boldsymbol{w}_i,\boldsymbol{\theta}^*)\}\right|\leqslant E[\sup_{\boldsymbol{\theta}\in\boldsymbol{\Theta}}|q(\boldsymbol{w}_i,\boldsymbol{\theta})|]=B_n<\infty.$$

因此，对任意给定的 $\boldsymbol{w}$，$|\ell_n(\boldsymbol{\theta}_1)-\ell_n(\boldsymbol{\theta}_2)|\leqslant B_n||\boldsymbol{\theta}_1-\boldsymbol{\theta}_2||$ 总成立。再由 Newey 和 McFadden (1994)[①]的引理 2. 9，可得到 $\sup_{\boldsymbol{\theta}\in\boldsymbol{\Theta}}|\ell_n(\boldsymbol{\theta})\rightarrow\ell(\boldsymbol{\theta})|\xrightarrow{P}0$ 成立。

由条件 A1 可知，$\boldsymbol{\theta}_0$ 是紧集空间 $\boldsymbol{\Theta}$ 中 $\boldsymbol{\theta}$ 唯一的真值，函数 $\ell(\boldsymbol{\theta})$ 关于参数 $\boldsymbol{\theta}$ 是连续的，所以由由 Newey 和 McFadden (1994)[②]的定理 2. 1，我们可得到结论 $\bar{\boldsymbol{\theta}}_n\xrightarrow{P}\boldsymbol{\theta}_0$ 成立。

为了证明定理 2. 1，我们需要下面的结论：

$u_i(\boldsymbol{\theta},\boldsymbol{\theta}_0)=\psi_\tau(Y-g(\boldsymbol{w}_i,\boldsymbol{\theta}))\cdot q(\boldsymbol{w}_i,\boldsymbol{\theta})-\psi_\tau(Y-g(\boldsymbol{w}_i,\boldsymbol{\theta}_0))\cdot q(\boldsymbol{w}_i,\boldsymbol{\theta}_0).$

引理 A. 3：在条件 A1－ A5 下，对任意给定的一个趋于 0 的正序列 x，我们有

$$\sup_{||\boldsymbol{\theta}-\boldsymbol{\theta}_0||\leqslant d_n}n^{-\frac{1}{2}}\sum_{i=1}^{n}\{u_i(\boldsymbol{\theta},\boldsymbol{\theta}_0)-E[u_i(\boldsymbol{\theta},\boldsymbol{\theta}_0)]\}=o_p(1). \tag{a. 1}$$

证明：为了证明(a. 1)，只需证明引理 3. 1 中的函数 $u_i(\boldsymbol{\theta},\boldsymbol{\theta}_0)$ 满足 He 和 Shao (1996)[③]的引理 4. 6 的(B1)，(B3)和(B5’)条件。对于(B1)是显然成立的。对于(B3)，我们有

① NEWEY W K, MCFADDEN D, 1994. Large sample estimation and hypothesis testing[J]. Handbook of Econometrics, 4(1): 2111-2245.

② 同①.

③ HE X, SHAO Q M, 1996. A general bahadur representation of mestimators and its application to linear regression[J]. The Annals of Statistics, 24: 2608-2630.

$$\begin{aligned}u_i(\boldsymbol{\theta},\boldsymbol{\theta}_0) &\leqslant \psi_\tau(Y_i - g(\boldsymbol{w}_i,\boldsymbol{\theta}))\cdot\{q(\boldsymbol{w}_i,\boldsymbol{\theta}) - q(\boldsymbol{w}_i,\boldsymbol{\theta}_0)\}+\\ &\qquad \{\psi_\tau(Y_i - g(\boldsymbol{w}_i,\boldsymbol{\theta})) - \psi_\tau(Y_i - g(\boldsymbol{w}_i,\boldsymbol{\theta}_0))\}\cdot q(\boldsymbol{w}_i,\boldsymbol{\theta}_0)\\ &\equiv I_{1i} + I_{2i}\end{aligned}$$

对于 I_{1i} ,应用均值理论和引理 A.2,我们有

$$\begin{aligned}I_{1i} &\leqslant \psi_\tau(Y_i - g(\boldsymbol{w}_i,\boldsymbol{\theta}))\cdot\{q(\boldsymbol{w}_i,\boldsymbol{\theta}) - q(\boldsymbol{w}_i,\boldsymbol{\theta}_0)\}\\ &= \psi_\tau(Y_i - g(\boldsymbol{w}_i,\boldsymbol{\theta}))\cdot q'(\boldsymbol{w}_i,\boldsymbol{\theta})\cdot(\boldsymbol{\theta}-\boldsymbol{\theta}_0) = o_p(1).\end{aligned}$$

因此,$E({I_{1i}}^2 \mid \boldsymbol{w}_i) = o_p(1)$ 成立。对于 I_{2i} ,我们有

$$\begin{aligned}I_{2i} &= \{\psi_\tau(Y_i - g(\boldsymbol{w}_i,\boldsymbol{\theta})) - \psi_\tau(Y_i - g(\boldsymbol{w}_i,\boldsymbol{\theta}_0))\}\cdot q(\boldsymbol{w}_i,\boldsymbol{\theta}_0)\\ &= [I(Y_i - g(\boldsymbol{w}_i,\boldsymbol{\theta}_0)) - I(Y_i - g(\boldsymbol{w}_i,\boldsymbol{\theta}))]\cdot q(\boldsymbol{w}_i,\boldsymbol{\theta}_0)\\ &\leqslant q(\boldsymbol{w}_i,\boldsymbol{\theta}_0)\cdot I\{g_1(\boldsymbol{w}_i,\boldsymbol{\theta},\boldsymbol{\theta}_0) \leqslant Y_i \leqslant g_2(\boldsymbol{w}_i,\boldsymbol{\theta},\boldsymbol{\theta}_0)\},\end{aligned}$$

其中,$g_1(\boldsymbol{w}_i,\boldsymbol{\theta},\boldsymbol{\theta}_0) = \min\{g(\boldsymbol{w}_i,\boldsymbol{\theta}), g(\boldsymbol{w}_i,\boldsymbol{\theta}_0)\}$,$g_2(\boldsymbol{w}_i,\boldsymbol{\theta},\boldsymbol{\theta}_0) = \max\{g(\boldsymbol{w}_i,\boldsymbol{\theta}), g(\boldsymbol{w}_i,\boldsymbol{\theta}_0)\}$ 。显然 $g_1(\boldsymbol{w}_i,\boldsymbol{\theta},\boldsymbol{\theta}_0) \leqslant g_2(\boldsymbol{w}_i,\boldsymbol{\theta},\boldsymbol{\theta}_0)$ 成立。基于引理 A.2 和条件 A4,我们有

$$\begin{aligned}g(\boldsymbol{w}_i,\boldsymbol{\theta}) - g(\boldsymbol{w}_i,\boldsymbol{\theta}_0) &= q(\boldsymbol{w}_i,\boldsymbol{\theta}_0)^{\mathrm{T}}\cdot(\boldsymbol{\theta}-\boldsymbol{\theta}_0) + R(n)\\ &\leqslant q(\boldsymbol{w}_i,\boldsymbol{\theta}_0)\cdot\boldsymbol{\theta}-\boldsymbol{\theta}_0 \leqslant d_n q(\boldsymbol{w}_i,\boldsymbol{\theta}_0).\end{aligned}$$

再次应用均值理论和条件 A4,我们得到

$$\begin{aligned}E({I_{2i}}^2 \mid \boldsymbol{w}_i) &\leqslant q(\boldsymbol{w}_i,\boldsymbol{\theta}_0)^2\cdot E[I\{g_1(\boldsymbol{w}_i,\boldsymbol{\theta},\boldsymbol{\theta}_0) \leqslant Y_i \leqslant g_2(\boldsymbol{w}_i,\boldsymbol{\theta},\boldsymbol{\theta}_0)\}]\\ &\leqslant q(\boldsymbol{w}_i,\boldsymbol{\theta}_0)^2\cdot f_\tau(Q_\tau(\zeta_i \mid \boldsymbol{w}_i))\cdot g(\boldsymbol{w}_i,\boldsymbol{\theta}) - g(\boldsymbol{w}_i,\boldsymbol{\theta}_0)\\ &\leqslant d_n\cdot f_\tau(Q_\tau(\zeta_i \mid \boldsymbol{w}_i))\cdot q(\boldsymbol{w}_i,\boldsymbol{\theta}_0)^3,\end{aligned}$$

其中,ζ_i 是介于 $g_1(\boldsymbol{w}_i,\boldsymbol{\theta},\boldsymbol{\theta}_0)$ 和 $g_2(\boldsymbol{w}_i,\boldsymbol{\theta},\boldsymbol{\theta}_0)$ 之间的一个值。由条件 A3,我们有

$$E(u_i(\boldsymbol{\theta},\boldsymbol{\theta}_0)^2 \mid \boldsymbol{w}_i) = a_i^2 d_n,$$

其中 $a_i = \sqrt{d_n\cdot f_\tau(Q_\tau(\zeta_i \mid \boldsymbol{w}_i))\cdot n^{\frac{1}{2}}\cdot q(\boldsymbol{w}_i,\boldsymbol{\theta}_0)^3}$,$d_n = n^{\frac{-1}{2}}$,因此,$u_i(\boldsymbol{\theta},\boldsymbol{\theta}_0)$ 满足(B3)。

对于(B5’)条件,令 $A_n = \sum_{i=1}^n a_i^2 = d_n\sqrt{n}\sum_{i=1}^n [f_\tau(Q_\tau(\zeta_i \mid \boldsymbol{w}_i))\cdot q(\boldsymbol{w}_i,\boldsymbol{\theta}_0)^3]$,则对任意的常数 C ,有

$$\begin{aligned}&P\{\max_{1\leqslant i\leqslant n} u_i(\boldsymbol{\theta},\boldsymbol{\theta}_0) \geqslant CA_n^{\frac{1}{2}} d_n^{\frac{1}{2}}(\log n)^{-2}\}\\ &\qquad\leqslant \sum_{i=1}^n P\{u_i(\boldsymbol{\theta},\boldsymbol{\theta}_0) \geqslant CA_n^{\frac{1}{2}} d_n^{\frac{1}{2}}(\log n)^{-2}\} \leqslant \sum_{i=1}^n \frac{E(u_i(\boldsymbol{\theta},\boldsymbol{\theta}_0)^2)}{C^2 A_n d_n(\log n)^{-4}}\\ &\qquad\leqslant \frac{n^{\frac{-1}{2}} A_n}{C^2 A_n d_n(\log n)^{-4}} = \frac{(\log n)^4}{C^2 d_n\sqrt{n}} = o_p(1).\end{aligned}$$

则式 $\max\limits_{1\leqslant i\leqslant n} u_i(\boldsymbol{\theta},\boldsymbol{\theta}_0)=o_p(A_n^{\frac{1}{2}}d_n^{\frac{1}{2}}(\log n)^{-2})$ 成立,即函数 $u_i(\boldsymbol{\theta},\boldsymbol{\theta}_0)$ 满足条件(B5')。

因此,在条件 A1－A5 下,函数 $u_i(\boldsymbol{\theta},\boldsymbol{\theta}_0)$ 满足 He 和 Shao (1996)的引理 4.6 的(B1),(B3)和(B5')条件,引理 A.3 得证。

证明定理 2.1:由引理 A.3,我们有

$$n^{-\frac{1}{2}}\left|\sum_{i=1}^{n}\psi_\tau(Y_i-g(\boldsymbol{w}_i,\bar{\boldsymbol{\theta}}_n))\cdot q(\boldsymbol{w}_i,\bar{\boldsymbol{\theta}}_n)-\sum_{i=1}^{n}\psi_\tau(Y_i-g(\boldsymbol{w}_i,\boldsymbol{\theta}_0))\cdot q(\boldsymbol{w}_i,\boldsymbol{\theta}_0)-\sum_{i=1}^{n}E[\psi_\tau(Y_i-g(\boldsymbol{w}_i,\bar{\boldsymbol{\theta}}_n))\cdot q(\boldsymbol{w}_i,\bar{\boldsymbol{\theta}}_n)]\right|=o_p(1).$$

对 $\sum_{i=1}^{n}E[\psi_\tau(Y_i-g(\boldsymbol{w}_i,\bar{\boldsymbol{\theta}}_n))]$ 在 $\boldsymbol{\theta}_0$ 处进行泰勒展开,可得

$$\begin{aligned}
&E\left[\sum_{i=1}^{n}\psi_\tau(Y_i-g(\boldsymbol{w}_i,\bar{\boldsymbol{\theta}}_n))\cdot q(\boldsymbol{w}_i,\bar{\boldsymbol{\theta}}_n)\right]\\
&=\left.\frac{\partial E\left[\sum_{i=1}^{n}\psi_\tau(Y_i-g(\boldsymbol{w}_i,\boldsymbol{\theta}))\cdot q(\boldsymbol{w}_i,\boldsymbol{\theta})\right]}{\partial\boldsymbol{\theta}}\right|_{\boldsymbol{\theta}=\boldsymbol{\theta}_0}\cdot(\bar{\boldsymbol{\theta}}_n-\boldsymbol{\theta}_0)+R_n\\
&\equiv n\boldsymbol{D}_h(\boldsymbol{\theta}_0)\cdot(\bar{\boldsymbol{\theta}}_n-\boldsymbol{\theta}_0)+R_n,
\end{aligned}$$

其中 $R_n=o_p(\sqrt{n})$,且

$$\begin{aligned}
\boldsymbol{D}_h(\boldsymbol{\theta}_0)&=n^{-1}\left.\frac{\partial E\left[\sum_{i=1}^{n}\psi_\tau(Y_i-g(\boldsymbol{w}_i,\boldsymbol{\theta}))\cdot q(\boldsymbol{w}_i,\boldsymbol{\theta})\right]}{\partial\boldsymbol{\theta}}\right|_{\boldsymbol{\theta}=\boldsymbol{\theta}_0}\\
&=n^{-1}\sum_{i=1}^{n}\left.\frac{\partial E[\psi_\tau(Y_i-g(\boldsymbol{w}_i,\boldsymbol{\theta}))\cdot q(\boldsymbol{w}_i,\boldsymbol{\theta})]}{\partial\boldsymbol{\theta}}\right|_{\boldsymbol{\theta}=\boldsymbol{\theta}_0}\\
&=n^{-1}\sum_{i=1}^{n}\left.\frac{\partial[\tau-F_\tau(g(\boldsymbol{w}_i,\boldsymbol{\theta}))]\cdot q(\boldsymbol{w}_i,\boldsymbol{\theta})}{\partial\boldsymbol{\theta}}\right|_{\boldsymbol{\theta}=\boldsymbol{\theta}_0}\\
&=n^{-1}\sum_{i=1}^{n}\left[\begin{array}{l}-f_\tau(Q_\tau(Y_i\mid\boldsymbol{w}_i))\cdot q(\boldsymbol{w}_i,\boldsymbol{\theta})^{\mathrm{T}}\cdot q(\boldsymbol{w}_i,\boldsymbol{\theta})+\\ {[\tau-F_\tau(g(\boldsymbol{w}_i,\boldsymbol{\theta}))]}\cdot\dfrac{\partial q(\boldsymbol{w}_i,\boldsymbol{\theta})}{\partial\boldsymbol{\theta}}\end{array}\right|_{\boldsymbol{\theta}=\boldsymbol{\theta}_0}\Bigg]\\
&=n^{-1}\sum_{i=1}^{n}f_\tau(Q_\tau(Y_i\mid\boldsymbol{w}_i))\cdot q(\boldsymbol{w}_i,\boldsymbol{\theta}_0)^{\mathrm{T}}\cdot q(\boldsymbol{w}_i,\boldsymbol{\theta}_0).
\end{aligned}$$

此外,由 $n^{-\frac{1}{2}}\sum_{i=1}^{n}\psi_\tau(Y_i-g(\boldsymbol{w}_i,\bar{\boldsymbol{\theta}}_n))\cdot q(\boldsymbol{w}_i,\bar{\boldsymbol{\theta}}_n)=o_p(1)$,我们得到

$$-n^{-\frac{1}{2}}\sum_{i=1}^{n}\psi_\tau(Y_i-g(\boldsymbol{w}_i,\boldsymbol{\theta}_0))\cdot q(\boldsymbol{w}_i,\boldsymbol{\theta}_0)-n^{-\frac{1}{2}}\boldsymbol{D}_h(\boldsymbol{\theta}_0)(\bar{\boldsymbol{\theta}}_n-\boldsymbol{\theta}_0)=o_p(1).$$

由条件 A6，我们有

$$\sqrt{n}(\bar{\boldsymbol{\theta}}_n - \boldsymbol{\theta}_0) = -n^{-\frac{1}{2}}\boldsymbol{D}_h(\boldsymbol{\theta}_0)\sum_{i=1}^{n}[\psi_\tau(Y_i - g(\boldsymbol{w}_i, \boldsymbol{\theta}_0)) \cdot q(\boldsymbol{w}_i, \boldsymbol{\theta}_0)] + o_p(1).$$

整理得

$$\sqrt{n}(\bar{\boldsymbol{\theta}}_n - \boldsymbol{\theta}_0) \xrightarrow{D} N(0, \tau(1-\tau)\boldsymbol{D}^{-1}(\boldsymbol{\theta}_0, h)\boldsymbol{C}(\boldsymbol{\theta}_0, h)\boldsymbol{D}^{-1^{\mathrm{T}}}(\boldsymbol{\theta}_0, h))$$

$$\sqrt{n}(\bar{\boldsymbol{\theta}}_n - \boldsymbol{\theta}_0) \xrightarrow{D} N(0, \tau(1-\tau))\boldsymbol{D}_n^{-1}(\boldsymbol{\theta}_0)\boldsymbol{C}_h(\boldsymbol{\theta}_0)\boldsymbol{D}_n^{-\mathrm{T}}(\boldsymbol{\theta}_0),$$

其中 $\boldsymbol{C}_h(\boldsymbol{\theta}_0) = \frac{\tau(1-\tau)}{n}\sum_{i=1}^{n}\boldsymbol{q}(\boldsymbol{w}_i, \boldsymbol{\theta}_0)^{\mathrm{T}} \cdot \boldsymbol{q}(\boldsymbol{w}_i, \boldsymbol{\theta}_0)$。

3.5.2　详细的模拟结果

在这一节中，我们给出详细的数值模拟结果。表 3.2—3.9 报告了 1000 次模拟的平均偏差(偏差)，标准误差(SD)，估计标准误差的平均值(ESE)和置信水平为 95%的覆盖率(CP)。表中，“grid”表示网格搜索法，“proposed”表示本章估计方法。

表 3.2　误差项为 $\tilde{e} \sim N(0,1)$ 的同方差模型的模拟结果

τ		grid					proposed				
		β_0	β_1	β_2	$\boldsymbol{\gamma}$	t	β_0	β_1	β_2	$\boldsymbol{\gamma}$	t
0.1	bias	0.004	−0.006	0.016	−0.002	−0.004	0.008	−0.004	0.013	−0.003	−0.003
	SD	0.209	0.167	0.309	0.252	0.192	0.205	0.161	0.297	0.248	0.182
	ESE	0.207	0.158	0.308	0.249	0.166	0.214	0.158	0.311	0.236	0.167
	MSE	0.044	0.028	0.095	0.063	0.037	0.042	0.026	0.088	0.062	0.033
	CP	0.903	0.897	0.911	0.926	0.881	0.931	0.905	0.937	0.908	0.892
0.2	bias	0.004	−0.010	0.030	−0.010	0.000	0.005	−0.010	0.028	−0.010	0.000
	SD	0.177	0.142	0.264	0.203	0.159	0.175	0.138	0.257	0.202	0.150
	ESE	0.172	0.133	0.261	0.207	0.139	0.177	0.133	0.262	0.202	0.139
	MSE	0.031	0.020	0.071	0.041	0.025	0.031	0.019	0.067	0.041	0.022
	CP	0.911	0.896	0.920	0.951	0.889	0.925	0.932	0.935	0.947	0.913

续表

τ		grid					proposed				
		β_0	β_1	β_2	$\boldsymbol{\gamma}$	t	β_0	β_1	β_2	$\boldsymbol{\gamma}$	t
0.3	bias	−0.012	−0.008	0.028	0.011	−0.001	−0.011	−0.006	0.026	0.012	0.001
	SD	0.162	0.125	0.245	0.192	0.146	0.158	0.121	0.239	0.189	0.135
	ESE	0.156	0.120	0.236	0.188	0.126	0.160	0.121	0.238	0.185	0.127
	MSE	0.026	0.016	0.061	0.037	0.021	0.025	0.015	0.058	0.036	0.018
	CP	0.922	0.921	0.906	0.936	0.891	0.945	0.939	0.939	0.934	0.927
0.4	bias	0.001	−0.006	0.026	0.007	0.004	0.001	−0.006	0.023	0.006	0.004
	SD	0.152	0.122	0.232	0.180	0.139	0.151	0.119	0.225	0.179	0.132
	ESE	0.152	0.118	0.228	0.182	0.121	0.154	0.118	0.231	0.179	0.123
	MSE	0.023	0.015	0.055	0.033	0.019	0.023	0.014	0.051	0.032	0.017
	CP	0.942	0.912	0.924	0.945	0.895	0.942	0.928	0.951	0.944	0.907
0.5	bias	−0.007	−0.007	0.020	−0.002	−0.001	−0.006	−0.007	0.018	−0.003	−0.002
	SD	0.146	0.122	0.225	0.172	0.139	0.143	0.120	0.220	0.171	0.129
	ESE	0.150	0.117	0.229	0.182	0.122	0.151	0.117	0.227	0.177	0.122
	MSE	0.021	0.015	0.051	0.030	0.019	0.020	0.014	0.049	0.029	0.017
	CP	0.940	0.917	0.937	0.959	0.893	0.960	0.931	0.955	0.962	0.929
0.6	bias	−0.004	−0.002	0.014	0.005	0.003	−0.001	0.000	0.015	0.004	0.006
	SD	0.153	0.121	0.236	0.175	0.139	0.149	0.119	0.234	0.174	0.131
	ESE	0.152	0.118	0.231	0.185	0.123	0.154	0.118	0.232	0.180	0.124
	MSE	0.023	0.015	0.056	0.031	0.019	0.022	0.014	0.055	0.030	0.017
	CP	0.932	0.916	0.930	0.959	0.881	0.957	0.938	0.943	0.954	0.919

续表

τ		grid					proposed				
		β_0	β_1	β_2	γ	t	β_0	β_1	β_2	γ	t
0.7	bias	−0.007	−0.001	0.016	0.005	0.006	−0.006	−0.001	0.013	0.005	0.006
	SD	0.154	0.123	0.237	0.180	0.141	0.152	0.119	0.234	0.177	0.130
	ESE	0.156	0.121	0.239	0.190	0.128	0.159	0.122	0.239	0.185	0.128
	MSE	0.024	0.015	0.056	0.032	0.020	0.023	0.014	0.055	0.031	0.017
	CP	0.931	0.911	0.925	0.954	0.908	0.947	0.947	0.946	0.959	0.919
0.8	bias	−0.015	−0.007	0.018	0.007	−0.004	−0.015	−0.005	0.014	0.009	−0.002
	SD	0.177	0.136	0.262	0.205	0.150	0.175	0.132	0.255	0.203	0.141
	ESE	0.168	0.131	0.256	0.203	0.137	0.174	0.133	0.259	0.199	0.139
	MSE	0.032	0.019	0.069	0.042	0.023	0.031	0.017	0.065	0.041	0.020
	CP	0.912	0.912	0.928	0.935	0.890	0.932	0.936	0.945	0.933	0.933
0.9	bias	−0.018	−0.017	0.034	−0.004	−0.010	−0.016	−0.013	0.027	−0.002	−0.005
	SD	0.206	0.174	0.313	0.238	0.202	0.197	0.162	0.299	0.231	0.170
	ESE	0.199	0.156	0.306	0.246	0.162	0.215	0.162	0.320	0.241	0.171
	MSE	0.043	0.030	0.099	0.057	0.041	0.039	0.026	0.090	0.053	0.029
	CP	0.905	0.876	0.910	0.932	0.844	0.940	0.927	0.938	0.935	0.922

注：bias 为估计偏差，SD 为估计标准差，ESE 为平均标准差，MSE 为均方误差，CP 为 95%覆盖率。

表 3.3　误差项为 $\tilde{e} \sim N(0,1)$ 的异方差模型的模拟结果

τ		grid					proposed				
		β_0	β_1	β_2	γ	t	β_0	β_1	β_2	γ	t
0.1	bias	−0.003	−0.011	0.042	−0.011	−0.014	0.004	−0.009	0.027	−0.011	−0.015
	SD	0.227	0.156	0.440	0.274	0.244	0.215	0.152	0.413	0.267	0.222
	ESE	0.222	0.150	0.400	0.272	0.204	0.230	0.151	0.439	0.265	0.217
	MSE	0.052	0.025	0.195	0.075	0.060	0.046	0.023	0.171	0.071	0.049
	CP	0.923	0.908	0.899	0.945	0.866	0.941	0.922	0.935	0.927	0.913

续表

τ		grid					proposed				
		β_0	β_1	β_2	$\boldsymbol{\gamma}$	t	β_0	β_1	β_2	$\boldsymbol{\gamma}$	t
0.2	bias	−0.007	−0.011	0.061	−0.001	0.000	−0.007	−0.011	0.048	−0.001	−0.004
	SD	0.188	0.132	0.376	0.228	0.215	0.184	0.128	0.354	0.227	0.196
	ESE	0.184	0.124	0.352	0.226	0.175	0.189	0.125	0.367	0.221	0.180
	MSE	0.035	0.018	0.145	0.052	0.046	0.034	0.017	0.128	0.051	0.038
	CP	0.934	0.918	0.898	0.939	0.873	0.946	0.920	0.940	0.934	0.901
0.3	bias	−0.009	−0.006	0.053	0.001	0.004	−0.008	−0.006	0.047	0.001	0.003
	SD	0.180	0.122	0.354	0.209	0.199	0.175	0.118	0.342	0.206	0.185
	ESE	0.172	0.117	0.335	0.212	0.166	0.173	0.115	0.340	0.205	0.166
	MSE	0.032	0.015	0.128	0.044	0.040	0.031	0.014	0.119	0.042	0.034
	CP	0.921	0.934	0.899	0.944	0.872	0.940	0.938	0.937	0.937	0.905
0.4	bias	−0.013	−0.012	0.052	0.004	−0.002	−0.013	−0.014	0.045	0.002	−0.005
	SD	0.171	0.117	0.340	0.203	0.193	0.168	0.114	0.324	0.203	0.173
	ESE	0.166	0.112	0.320	0.205	0.158	0.165	0.110	0.326	0.197	0.159
	MSE	0.029	0.014	0.118	0.041	0.037	0.028	0.013	0.107	0.041	0.030
	CP	0.924	0.923	0.900	0.938	0.861	0.931	0.936	0.946	0.934	0.900
0.5	bias	−0.003	−0.004	0.045	−0.005	0.004	−0.003	−0.005	0.041	−0.004	0.004
	SD	0.163	0.111	0.321	0.194	0.181	0.158	0.107	0.305	0.192	0.158
	ESE	0.163	0.112	0.315	0.202	0.156	0.162	0.108	0.323	0.194	0.157
	MSE	0.027	0.012	0.105	0.038	0.033	0.025	0.011	0.095	0.037	0.025
	CP	0.935	0.939	0.920	0.951	0.879	0.950	0.948	0.957	0.946	0.931
0.6	bias	−0.006	−0.006	0.023	−0.001	−0.003	−0.001	−0.003	0.022	−0.003	0.003
	SD	0.169	0.117	0.336	0.197	0.181	0.163	0.113	0.323	0.196	0.161
	ESE	0.166	0.113	0.324	0.203	0.159	0.166	0.111	0.327	0.197	0.160
	MSE	0.028	0.014	0.114	0.039	0.033	0.026	0.013	0.105	0.038	0.026
	CP	0.927	0.919	0.903	0.951	0.881	0.941	0.933	0.944	0.940	0.912

续表

τ		grid					proposed				
		β_0	β_1	β_2	$\boldsymbol{\gamma}$	t	β_0	β_1	β_2	$\boldsymbol{\gamma}$	t
0.7	bias	−0.006	−0.009	0.040	−0.004	−0.008	−0.005	−0.010	0.029	−0.006	−0.011
	SD	0.171	0.124	0.355	0.208	0.202	0.166	0.118	0.336	0.207	0.180
	ESE	0.170	0.116	0.327	0.210	0.163	0.173	0.116	0.339	0.203	0.167
	MSE	0.029	0.016	0.127	0.043	0.041	0.028	0.014	0.114	0.043	0.032
	CP	0.941	0.905	0.897	0.948	0.866	0.950	0.930	0.952	0.935	0.916
0.8	bias	−0.005	−0.009	0.054	−0.002	0.008	−0.005	−0.009	0.041	−0.005	0.004
	SD	0.186	0.132	0.382	0.215	0.211	0.179	0.127	0.358	0.212	0.183
	ESE	0.181	0.124	0.355	0.228	0.174	0.184	0.125	0.373	0.221	0.181
	MSE	0.034	0.017	0.149	0.046	0.045	0.032	0.016	0.130	0.045	0.033
	CP	0.921	0.912	0.926	0.945	0.863	0.946	0.920	0.954	0.948	0.917
0.9	bias	−0.026	−0.020	0.086	0.005	0.006	−0.025	−0.017	0.059	0.004	0.003
	SD	0.223	0.154	0.448	0.257	0.260	0.213	0.141	0.413	0.255	0.204
	ESE	0.213	0.148	0.408	0.269	0.202	0.225	0.151	0.452	0.263	0.221
	MSE	0.050	0.024	0.208	0.066	0.068	0.046	0.020	0.174	0.065	0.042
	CP	0.894	0.906	0.874	0.951	0.845	0.935	0.936	0.943	0.937	0.923

注：bias 为估计偏差，SD 为估计标准差，ESE 为平均标准差，MSE 为均方误差，CP 为 95%覆盖率。

表 3.4　误差项为 $\tilde{e} \sim t_3$ 的同方差模型的模拟结果

τ		grid					proposed				
		β_0	β_1	β_2	$\boldsymbol{\gamma}$	t	β_0	β_1	β_2	$\boldsymbol{\gamma}$	t
0.1	bias	−0.041	−0.024	0.095	0.006	0.006	−0.031	−0.019	0.064	0.003	0.000
	SD	0.396	0.299	0.558	0.413	0.349	0.376	0.275	0.524	0.406	0.307
	ESE	0.341	0.258	0.486	0.391	0.260	0.410	0.301	0.568	0.445	0.300
	MSE	0.159	0.090	0.320	0.171	0.122	0.142	0.076	0.279	0.165	0.094
	CP	0.893	0.901	0.903	0.929	0.855	0.937	0.953	0.952	0.948	0.916

续表

τ		grid					proposed				
		β_0	β_1	β_2	$\boldsymbol{\gamma}$	t	β_0	β_1	β_2	$\boldsymbol{\gamma}$	t
0.2	bias	−0.024	−0.025	0.071	0.000	−0.002	−0.018	−0.021	0.060	−0.001	−0.001
	SD	0.236	0.196	0.349	0.269	0.219	0.228	0.184	0.338	0.266	0.199
	ESE	0.228	0.175	0.350	0.271	0.185	0.248	0.186	0.366	0.281	0.194
	MSE	0.056	0.039	0.127	0.072	0.048	0.052	0.034	0.118	0.071	0.039
	CP	0.926	0.909	0.931	0.939	0.901	0.941	0.935	0.955	0.947	0.917
0.3	bias	−0.025	−0.011	0.026	0.018	0.002	−0.023	−0.008	0.021	0.018	0.002
	SD	0.192	0.155	0.279	0.231	0.172	0.189	0.150	0.270	0.227	0.161
	ESE	0.194	0.150	0.296	0.231	0.156	0.200	0.150	0.299	0.229	0.158
	MSE	0.037	0.024	0.078	0.053	0.029	0.036	0.023	0.073	0.052	0.026
	CP	0.946	0.930	0.949	0.932	0.915	0.953	0.945	0.966	0.936	0.925
0.4	bias	−0.008	−0.009	0.026	0.003	−0.001	−0.009	−0.009	0.024	0.003	−0.001
	SD	0.175	0.140	0.269	0.198	0.154	0.173	0.137	0.261	0.196	0.148
	ESE	0.178	0.139	0.269	0.212	0.144	0.177	0.135	0.265	0.205	0.141
	MSE	0.031	0.020	0.073	0.039	0.024	0.030	0.019	0.069	0.038	0.022
	CP	0.957	0.937	0.937	0.969	0.927	0.953	0.943	0.940	0.963	0.933
0.5	bias	−0.010	−0.009	0.031	0.015	0.003	−0.009	−0.008	0.029	0.014	0.003
	SD	0.160	0.131	0.254	0.190	0.149	0.158	0.129	0.248	0.189	0.139
	ESE	0.173	0.134	0.262	0.207	0.139	0.169	0.129	0.256	0.198	0.136
	MSE	0.026	0.017	0.065	0.036	0.022	0.025	0.017	0.062	0.036	0.019
	CP	0.967	0.942	0.957	0.963	0.918	0.961	0.946	0.954	0.959	0.931
0.6	bias	−0.006	0.000	0.001	0.002	0.000	−0.004	0.001	0.002	0.001	0.003
	SD	0.168	0.141	0.256	0.198	0.158	0.167	0.137	0.249	0.197	0.144
	ESE	0.176	0.136	0.267	0.211	0.144	0.176	0.134	0.265	0.205	0.142
	MSE	0.028	0.020	0.066	0.039	0.025	0.028	0.019	0.062	0.039	0.021
	CP	0.948	0.933	0.954	0.958	0.907	0.950	0.937	0.964	0.949	0.922

续表

τ		grid					proposed				
		β_0	β_1	β_2	γ	t	β_0	β_1	β_2	γ	t
0.7	bias	−0.006	−0.002	0.030	0.002	0.007	−0.006	−0.003	0.023	0.000	0.003
	SD	0.191	0.156	0.287	0.215	0.183	0.185	0.149	0.276	0.213	0.165
	ESE	0.189	0.145	0.292	0.229	0.154	0.194	0.150	0.298	0.226	0.157
	MSE	0.036	0.024	0.083	0.046	0.034	0.034	0.022	0.077	0.045	0.027
	CP	0.934	0.913	0.949	0.951	0.888	0.933	0.927	0.961	0.947	0.925
0.8	bias	−0.006	−0.022	0.045	−0.007	−0.014	−0.004	−0.018	0.042	−0.007	−0.008
	SD	0.238	0.192	0.350	0.268	0.224	0.231	0.183	0.337	0.263	0.194
	ESE	0.226	0.176	0.345	0.273	0.182	0.250	0.193	0.384	0.285	0.201
	MSE	0.057	0.037	0.125	0.072	0.050	0.053	0.034	0.115	0.069	0.038
	CP	0.923	0.908	0.938	0.946	0.852	0.949	0.947	0.962	0.954	0.939
0.9	bias	−0.029	−0.051	0.123	−0.002	−0.021	−0.011	−0.029	0.102	−0.002	0.003
	SD	0.369	0.316	0.550	0.410	0.369	0.348	0.281	0.538	0.406	0.291
	ESE	0.321	0.256	0.485	0.393	0.250	0.398	0.307	0.589	0.439	0.306
	MSE	0.137	0.102	0.318	0.168	0.136	0.122	0.080	0.300	0.165	0.085
	CP	0.851	0.845	0.890	0.926	0.762	0.946	0.954	0.955	0.946	0.912

注：bias 为估计偏差，SD 为估计标准差，ESE 为平均标准差，MSE 为均方误差，CP 为 95%覆盖率。

表 3.5 误差项为 $\tilde{e} \sim t_3$ 的异方差模型的模拟结果

τ		grid					proposed				
		β_0	β_1	β_2	γ	t	β_0	β_1	β_2	γ	t
0.1	bias	−0.089	−0.038	0.112	0.040	−0.005	−0.056	−0.013	0.103	0.011	0.027
	SD	0.454	0.301	0.722	0.430	0.395	0.415	0.288	0.687	0.438	0.363
	ESE	0.366	0.244	0.601	0.425	0.327	0.442	0.287	0.671	0.484	0.350
	MSE	0.214	0.092	0.534	0.186	0.156	0.175	0.083	0.483	0.192	0.133
	CP	0.884	0.874	0.884	0.958	0.884	0.913	0.925	0.900	0.963	0.900

续表

τ		grid					proposed				
		β_0	β_1	β_2	γ	t	β_0	β_1	β_2	γ	t
0.2	bias	−0.021	−0.005	0.089	−0.010	0.005	−0.017	−0.002	0.068	−0.004	0.004
	SD	0.264	0.182	0.506	0.304	0.287	0.250	0.170	0.471	0.302	0.250
	ESE	0.246	0.168	0.476	0.299	0.236	0.264	0.175	0.517	0.312	0.254
	MSE	0.070	0.033	0.264	0.092	0.083	0.063	0.029	0.227	0.091	0.063
	CP	0.919	0.924	0.917	0.948	0.881	0.947	0.949	0.960	0.950	0.935
0.3	bias	−0.022	−0.011	0.066	0.006	0.002	−0.019	−0.009	0.064	0.005	0.005
	SD	0.211	0.151	0.423	0.240	0.236	0.206	0.148	0.409	0.239	0.222
	ESE	0.207	0.142	0.404	0.255	0.201	0.209	0.138	0.416	0.250	0.204
	MSE	0.045	0.023	0.183	0.058	0.056	0.043	0.022	0.171	0.057	0.049
	CP	0.942	0.911	0.923	0.965	0.896	0.948	0.914	0.949	0.953	0.916
0.4	bias	−0.014	−0.004	0.076	0.012	0.014	−0.012	−0.003	0.068	0.012	0.015
	SD	0.189	0.132	0.390	0.222	0.213	0.181	0.125	0.377	0.220	0.188
	ESE	0.193	0.133	0.378	0.237	0.183	0.187	0.124	0.378	0.222	0.181
	MSE	0.036	0.017	0.158	0.050	0.046	0.033	0.016	0.147	0.048	0.035
	CP	0.947	0.947	0.922	0.957	0.899	0.947	0.940	0.951	0.944	0.928
0.5	bias	−0.008	−0.004	0.039	0.003	−0.001	−0.008	−0.004	0.029	0.003	−0.004
	SD	0.180	0.134	0.374	0.211	0.219	0.176	0.128	0.356	0.209	0.199
	ESE	0.188	0.131	0.361	0.231	0.179	0.180	0.121	0.360	0.215	0.177
	MSE	0.033	0.018	0.141	0.044	0.048	0.031	0.017	0.128	0.044	0.040
	CP	0.958	0.941	0.933	0.969	0.889	0.944	0.931	0.946	0.948	0.903
0.6	bias	−0.011	−0.015	0.043	0.004	−0.009	−0.010	−0.013	0.034	0.003	−0.008
	SD	0.195	0.129	0.388	0.223	0.213	0.186	0.123	0.367	0.220	0.187
	ESE	0.193	0.133	0.364	0.237	0.181	0.189	0.127	0.372	0.224	0.183
	MSE	0.038	0.017	0.152	0.050	0.045	0.035	0.015	0.136	0.048	0.035
	CP	0.945	0.949	0.927	0.957	0.891	0.938	0.940	0.942	0.948	0.923

续表

τ		grid					proposed				
		β_0	β_1	β_2	γ	t	β_0	β_1	β_2	γ	t
0.7	bias	-0.003	-0.015	0.062	-0.002	-0.004	-0.003	-0.014	0.048	-0.001	-0.006
	SD	0.204	0.145	0.424	0.242	0.244	0.197	0.139	0.399	0.242	0.209
	ESE	0.206	0.142	0.405	0.256	0.199	0.210	0.142	0.420	0.250	0.206
	MSE	0.042	0.021	0.184	0.059	0.060	0.039	0.020	0.162	0.058	0.044
	CP	0.940	0.934	0.925	0.961	0.867	0.948	0.942	0.945	0.951	0.924
0.8	bias	0.000	-0.028	0.082	-0.008	-0.003	0.004	-0.022	0.071	-0.010	0.003
	SD	0.252	0.181	0.494	0.301	0.280	0.241	0.171	0.468	0.297	0.232
	ESE	0.243	0.167	0.466	0.302	0.230	0.262	0.177	0.530	0.313	0.255
	MSE	0.063	0.033	0.251	0.091	0.078	0.058	0.030	0.224	0.088	0.054
	CP	0.925	0.922	0.916	0.960	0.859	0.938	0.946	0.961	0.958	0.933
0.9	bias	-0.028	-0.059	0.174	-0.012	-0.025	-0.009	-0.042	0.125	-0.011	-0.012
	SD	0.414	0.291	0.699	0.467	0.465	0.395	0.262	0.659	0.464	0.367
	ESE	0.327	0.228	0.591	0.419	0.297	0.406	0.282	0.694	0.467	0.370
	MSE	0.172	0.088	0.518	0.219	0.217	0.156	0.070	0.450	0.215	0.135
	CP	0.843	0.850	0.895	0.939	0.769	0.910	0.944	0.949	0.953	0.938

注：bias 为估计偏差，SD 为估计标准差，ESE 为平均标准差，MSE 为均方误差，CP 为 95%覆盖率。

表 3.6　误差项为 $\tilde{e} \sim 0.9N(0,1)+0.1t_3$ 的同方差模型的模拟结果

τ		grid					proposed				
		β_0	β_1	β_2	γ	t	β_0	β_1	β_2	γ	t
0.1	bias	0.004	-0.012	0.055	0.003	0.006	0.010	-0.007	0.048	0.002	0.009
	SD	0.224	0.171	0.325	0.259	0.205	0.214	0.163	0.317	0.254	0.192
	ESE	0.213	0.160	0.324	0.254	0.171	0.225	0.163	0.333	0.249	0.173
	MSE	0.050	0.029	0.108	0.067	0.042	0.046	0.027	0.103	0.064	0.037
	CP	0.912	0.897	0.901	0.932	0.868	0.937	0.928	0.946	0.920	0.896

续表

τ		grid					proposed				
		β_0	β_1	β_2	γ	t	β_0	β_1	β_2	γ	t
0.2	bias	−0.006	−0.010	0.020	0.009	−0.004	−0.004	−0.008	0.020	0.008	−0.001
	SD	0.180	0.146	0.268	0.213	0.159	0.177	0.143	0.261	0.211	0.153
	ESE	0.177	0.135	0.270	0.213	0.144	0.182	0.137	0.270	0.207	0.144
	MSE	0.032	0.021	0.072	0.046	0.025	0.031	0.020	0.068	0.045	0.023
	CP	0.927	0.902	0.930	0.935	0.894	0.943	0.922	0.945	0.929	0.908
0.3	bias	0.006	−0.002	0.015	−0.008	0.002	0.006	−0.001	0.013	−0.008	0.002
	SD	0.167	0.132	0.244	0.199	0.144	0.165	0.129	0.239	0.197	0.134
	ESE	0.161	0.124	0.243	0.194	0.130	0.164	0.125	0.244	0.190	0.131
	MSE	0.028	0.017	0.060	0.040	0.021	0.027	0.017	0.057	0.039	0.018
	CP	0.915	0.908	0.927	0.926	0.911	0.942	0.924	0.943	0.930	0.918
0.4	bias	−0.010	−0.012	0.025	0.006	−0.006	−0.008	−0.010	0.024	0.006	−0.003
	SD	0.161	0.122	0.235	0.188	0.136	0.159	0.120	0.228	0.184	0.130
	ESE	0.154	0.120	0.232	0.185	0.123	0.155	0.119	0.232	0.182	0.123
	MSE	0.026	0.015	0.056	0.035	0.018	0.025	0.015	0.053	0.034	0.017
	CP	0.935	0.938	0.922	0.938	0.915	0.941	0.945	0.948	0.940	0.935
0.5	bias	−0.007	−0.006	0.021	0.003	−0.002	−0.008	−0.007	0.019	0.003	−0.003
	SD	0.154	0.125	0.239	0.174	0.140	0.150	0.122	0.235	0.173	0.134
	ESE	0.154	0.118	0.228	0.184	0.122	0.154	0.118	0.230	0.179	0.123
	MSE	0.024	0.016	0.057	0.030	0.020	0.023	0.015	0.055	0.030	0.018
	CP	0.930	0.913	0.923	0.948	0.897	0.944	0.936	0.934	0.944	0.917
0.6	bias	−0.004	−0.006	0.020	0.004	0.002	−0.004	−0.005	0.020	0.004	0.003
	SD	0.155	0.123	0.235	0.183	0.139	0.154	0.121	0.232	0.181	0.132
	ESE	0.155	0.120	0.237	0.187	0.126	0.157	0.119	0.237	0.183	0.127
	MSE	0.024	0.015	0.056	0.034	0.019	0.024	0.015	0.054	0.033	0.017
	CP	0.932	0.919	0.939	0.950	0.891	0.949	0.935	0.952	0.954	0.918

续表

τ		grid					proposed				
		β_0	β_1	β_2	γ	t	β_0	β_1	β_2	γ	t
0.7	bias	−0.011	−0.012	0.032	−0.001	−0.002	−0.010	−0.012	0.031	−0.001	−0.002
	SD	0.162	0.131	0.240	0.191	0.148	0.159	0.126	0.234	0.189	0.136
	ESE	0.162	0.124	0.248	0.195	0.130	0.163	0.126	0.246	0.189	0.130
	MSE	0.026	0.017	0.059	0.036	0.022	0.025	0.016	0.056	0.036	0.019
	CP	0.945	0.913	0.940	0.946	0.895	0.952	0.940	0.958	0.945	0.925
0.8	bias	−0.013	−0.010	0.021	−0.001	−0.003	−0.012	−0.012	0.019	−0.001	−0.004
	SD	0.183	0.144	0.261	0.213	0.169	0.178	0.138	0.253	0.210	0.149
	ESE	0.175	0.136	0.267	0.211	0.141	0.180	0.138	0.270	0.206	0.144
	MSE	0.034	0.021	0.068	0.045	0.028	0.032	0.019	0.064	0.044	0.022
	CP	0.907	0.910	0.932	0.940	0.875	0.927	0.933	0.944	0.929	0.921
0.9	bias	−0.032	−0.014	0.041	0.006	−0.004	−0.029	−0.013	0.028	0.000	−0.008
	SD	0.208	0.170	0.336	0.255	0.207	0.205	0.159	0.322	0.249	0.179
	ESE	0.209	0.163	0.320	0.257	0.171	0.227	0.172	0.343	0.253	0.182
	MSE	0.044	0.029	0.115	0.065	0.043	0.043	0.026	0.105	0.062	0.032
	CP	0.919	0.891	0.912	0.936	0.853	0.954	0.942	0.941	0.932	0.911

注：bias 为估计偏差，SD 为估计标准差，ESE 为平均标准差，MSE 为均方误差，CP 为 95%覆盖率。

表 3.7　误差项为 $\tilde{e} \sim 0.9N(0,1) + 0.1t_3$ 的异方差模型的模拟结果

τ		grid					proposed				
		β_0	β_1	β_2	γ	t	β_0	β_1	β_2	γ	t
0.1	bias	−0.015	−0.013	0.098	0.002	0.003	−0.012	−0.011	0.069	0.004	−0.002
	SD	0.234	0.164	0.509	0.273	0.276	0.224	0.153	0.464	0.264	0.235
	ESE	0.226	0.153	0.418	0.281	0.212	0.237	0.156	0.468	0.281	0.227
	MSE	0.055	0.027	0.269	0.074	0.076	0.050	0.023	0.220	0.070	0.055
	CP	0.907	0.910	0.874	0.946	0.849	0.923	0.919	0.931	0.942	0.897

续表

τ		grid					proposed				
		β_0	β_1	β_2	$\boldsymbol{\gamma}$	t	β_0	β_1	β_2	$\boldsymbol{\gamma}$	t
0.2	bias	−0.011	−0.010	0.043	0.006	−0.009	−0.009	−0.006	0.036	0.006	−0.006
	SD	0.197	0.135	0.391	0.232	0.212	0.194	0.130	0.378	0.229	0.196
	ESE	0.192	0.130	0.364	0.235	0.184	0.194	0.129	0.379	0.227	0.187
	MSE	0.039	0.018	0.154	0.054	0.045	0.038	0.017	0.144	0.053	0.039
	CP	0.921	0.904	0.900	0.937	0.889	0.932	0.920	0.938	0.928	0.917
0.3	bias	0.001	0.005	0.034	−0.008	0.013	0.000	0.002	0.021	−0.008	0.006
	SD	0.172	0.121	0.349	0.208	0.192	0.168	0.118	0.326	0.207	0.174
	ESE	0.173	0.119	0.344	0.215	0.169	0.173	0.116	0.348	0.207	0.170
	MSE	0.030	0.015	0.123	0.043	0.037	0.028	0.014	0.107	0.043	0.030
	CP	0.936	0.932	0.925	0.949	0.893	0.942	0.933	0.956	0.948	0.920
0.4	bias	−0.008	−0.008	0.034	0.007	0.001	−0.008	−0.008	0.026	0.007	−0.002
	SD	0.167	0.116	0.337	0.200	0.181	0.164	0.112	0.328	0.198	0.167
	ESE	0.168	0.114	0.327	0.206	0.163	0.166	0.111	0.329	0.198	0.162
	MSE	0.028	0.013	0.115	0.040	0.033	0.027	0.013	0.108	0.039	0.028
	CP	0.938	0.919	0.914	0.952	0.902	0.948	0.931	0.948	0.948	0.926
0.5	bias	0.000	−0.006	0.034	−0.002	0.003	0.000	−0.007	0.026	−0.002	−0.001
	SD	0.165	0.120	0.325	0.194	0.183	0.160	0.114	0.312	0.192	0.167
	ESE	0.163	0.112	0.324	0.203	0.160	0.163	0.110	0.326	0.196	0.160
	MSE	0.027	0.014	0.107	0.038	0.033	0.026	0.013	0.098	0.037	0.028
	CP	0.948	0.920	0.928	0.951	0.889	0.948	0.931	0.952	0.947	0.925
0.6	bias	−0.012	−0.011	0.040	0.002	−0.004	−0.012	−0.010	0.034	0.003	−0.004
	SD	0.173	0.116	0.344	0.214	0.194	0.169	0.112	0.329	0.212	0.174
	ESE	0.168	0.116	0.325	0.207	0.161	0.168	0.112	0.329	0.199	0.163
	MSE	0.030	0.014	0.120	0.046	0.038	0.029	0.013	0.109	0.045	0.030
	CP	0.927	0.926	0.906	0.936	0.862	0.943	0.945	0.936	0.926	0.905

续表

τ		grid					proposed				
		β_0	β_1	β_2	γ	t	β_0	β_1	β_2	γ	t
0.7	bias	−0.009	−0.013	0.049	−0.007	−0.006	−0.007	−0.013	0.041	−0.007	−0.007
	SD	0.171	0.120	0.356	0.202	0.202	0.167	0.115	0.332	0.201	0.176
	ESE	0.175	0.120	0.338	0.216	0.168	0.174	0.117	0.349	0.208	0.170
	MSE	0.029	0.015	0.129	0.041	0.041	0.028	0.013	0.112	0.040	0.031
	CP	0.940	0.925	0.905	0.957	0.868	0.947	0.948	0.946	0.946	0.898
0.8	bias	−0.025	−0.017	0.043	0.008	−0.010	−0.024	−0.014	0.033	0.010	−0.009
	SD	0.191	0.134	0.392	0.229	0.217	0.184	0.127	0.374	0.227	0.187
	ESE	0.187	0.130	0.371	0.235	0.186	0.192	0.128	0.385	0.228	0.190
	MSE	0.037	0.018	0.156	0.053	0.047	0.034	0.016	0.141	0.051	0.035
	CP	0.921	0.911	0.901	0.948	0.863	0.937	0.939	0.940	0.945	0.916
0.9	bias	−0.010	−0.017	0.074	−0.013	0.004	−0.009	−0.014	0.056	−0.014	0.006
	SD	0.239	0.162	0.475	0.281	0.271	0.228	0.152	0.441	0.272	0.223
	ESE	0.222	0.152	0.424	0.281	0.211	0.242	0.162	0.480	0.282	0.234
	MSE	0.057	0.027	0.231	0.079	0.073	0.052	0.023	0.198	0.074	0.050
	CP	0.915	0.912	0.885	0.944	0.818	0.928	0.927	0.946	0.950	0.919

注：bias 为估计偏差，SD 为估计标准差，ESE 为平均标准差，MSE 为均方误差，CP 为 95%覆盖率。

表 3.8　误差项为 $\tilde{e} \sim 0.9N(0,1)+0.1\mathrm{Cauchy}(0,1)$ 的同方差模型的模拟结果

τ		grid					proposed				
		β_0	β_1	β_2	γ	t	β_0	β_1	β_2	γ	t
0.1	bias	−0.003	−0.008	0.048	−0.005	0.004	0.001	−0.005	0.036	−0.005	0.004
	SD	0.234	0.192	0.344	0.263	0.217	0.228	0.185	0.329	0.258	0.198
	ESE	0.233	0.178	0.356	0.273	0.187	0.252	0.183	0.370	0.276	0.194
	MSE	0.055	0.037	0.120	0.069	0.047	0.052	0.034	0.109	0.067	0.039
	CP	0.933	0.909	0.934	0.945	0.900	0.943	0.912	0.950	0.941	0.912

续表

τ		grid					proposed				
		β_0	β_1	β_2	γ	t	β_0	β_1	β_2	γ	t
0.2	bias	−0.009	−0.009	0.027	0.004	0.000	−0.008	−0.006	0.021	0.005	0.001
	SD	0.188	0.153	0.272	0.229	0.172	0.183	0.149	0.263	0.227	0.163
	ESE	0.208	0.159	0.313	0.245	0.167	0.190	0.143	0.282	0.215	0.151
	MSE	0.036	0.024	0.075	0.052	0.030	0.034	0.022	0.070	0.052	0.027
	CP	0.956	0.933	0.955	0.945	0.921	0.951	0.926	0.962	0.926	0.918
0.3	bias	−0.004	−0.009	0.034	0.005	0.005	−0.002	−0.008	0.032	0.005	0.006
	SD	0.171	0.131	0.247	0.197	0.143	0.168	0.127	0.241	0.198	0.135
	ESE	0.192	0.148	0.290	0.229	0.155	0.169	0.128	0.253	0.196	0.135
	MSE	0.029	0.017	0.062	0.039	0.021	0.028	0.016	0.059	0.039	0.018
	CP	0.946	0.947	0.964	0.962	0.938	0.936	0.948	0.956	0.946	0.932
0.4	bias	−0.004	−0.002	0.015	−0.009	0.001	−0.003	−0.002	0.015	−0.009	0.002
	SD	0.164	0.131	0.235	0.187	0.150	0.163	0.129	0.231	0.185	0.145
	ESE	0.187	0.144	0.284	0.224	0.152	0.160	0.122	0.240	0.186	0.129
	MSE	0.027	0.017	0.055	0.035	0.023	0.027	0.017	0.054	0.034	0.021
	CP	0.949	0.933	0.973	0.965	0.918	0.934	0.922	0.958	0.943	0.906
0.5	bias	−0.007	−0.003	0.019	−0.004	0.000	−0.006	−0.003	0.019	−0.005	0.001
	SD	0.152	0.125	0.236	0.182	0.140	0.150	0.122	0.234	0.181	0.132
	ESE	0.188	0.146	0.284	0.226	0.152	0.155	0.120	0.234	0.182	0.126
	MSE	0.023	0.016	0.056	0.033	0.020	0.023	0.015	0.055	0.033	0.017
	CP	0.957	0.953	0.950	0.962	0.929	0.945	0.930	0.936	0.948	0.917
0.6	bias	0.008	0.002	0.018	−0.009	0.011	0.007	0.000	0.016	−0.010	0.008
	SD	0.156	0.125	0.231	0.181	0.145	0.154	0.121	0.228	0.181	0.135
	ESE	0.186	0.144	0.285	0.224	0.151	0.159	0.123	0.239	0.186	0.127
	MSE	0.024	0.016	0.054	0.033	0.021	0.024	0.015	0.052	0.033	0.018
	CP	0.958	0.952	0.958	0.966	0.937	0.944	0.944	0.936	0.957	0.927

续表

τ		grid					proposed				
		β_0	β_1	β_2	γ	t	β_0	β_1	β_2	γ	t
0.7	bias	−0.009	−0.004	0.012	0.000	−0.004	−0.009	−0.003	0.008	0.001	−0.005
	SD	0.176	0.133	0.258	0.196	0.154	0.173	0.131	0.248	0.192	0.144
	ESE	0.193	0.150	0.293	0.232	0.157	0.169	0.130	0.252	0.196	0.137
	MSE	0.031	0.018	0.067	0.038	0.024	0.030	0.017	0.062	0.037	0.021
	CP	0.937	0.944	0.945	0.953	0.908	0.935	0.946	0.942	0.947	0.913
0.8	bias	−0.015	−0.019	0.040	−0.009	−0.006	−0.012	−0.015	0.035	−0.009	−0.003
	SD	0.183	0.156	0.273	0.213	0.176	0.178	0.151	0.266	0.211	0.160
	ESE	0.205	0.160	0.312	0.247	0.165	0.188	0.145	0.282	0.216	0.149
	MSE	0.034	0.025	0.076	0.046	0.031	0.032	0.023	0.072	0.045	0.026
	CP	0.948	0.928	0.949	0.956	0.893	0.946	0.921	0.938	0.939	0.906
0.9	bias	−0.021	−0.025	0.045	−0.003	−0.010	−0.012	−0.018	0.037	−0.004	−0.002
	SD	0.229	0.190	0.335	0.259	0.223	0.223	0.177	0.319	0.254	0.189
	ESE	0.227	0.178	0.348	0.274	0.182	0.247	0.188	0.366	0.272	0.194
	MSE	0.053	0.037	0.114	0.067	0.050	0.050	0.031	0.103	0.065	0.036
	CP	0.915	0.910	0.947	0.954	0.847	0.949	0.946	0.960	0.940	0.920

注：bias 为估计偏差，SD 为估计标准差，ESE 为平均标准差，MSE 为均方误差，CP 为 95%覆盖率。

表 3.9　误差项为 $\tilde{e} \sim 0.9N(0,1)+0.1\mathrm{Cauchy}(0,1)$ 的异方差模型的模拟结果

τ		grid					proposed				
		β_0	β_1	β_2	γ	t	β_0	β_1	β_2	γ	t
0.1	bias	−0.006	0.004	0.079	−0.002	0.005	−0.004	0.006	0.050	0.001	−0.001
	SD	0.246	0.175	0.504	0.294	0.285	0.240	0.168	0.457	0.289	0.254
	ESE	0.243	0.167	0.464	0.297	0.229	0.260	0.172	0.489	0.305	0.239
	MSE	0.061	0.031	0.261	0.086	0.081	0.057	0.028	0.212	0.083	0.065
	CP	0.940	0.906	0.911	0.948	0.867	0.939	0.908	0.936	0.948	0.892

续表

τ		grid					proposed				
		β_0	β_1	β_2	$\boldsymbol{\gamma}$	t	β_0	β_1	β_2	$\boldsymbol{\gamma}$	t
0.2	bias	−0.006	0.002	0.051	0.009	0.008	−0.003	0.002	0.039	0.009	0.007
	SD	0.204	0.142	0.410	0.242	0.233	0.200	0.140	0.389	0.240	0.210
	ESE	0.220	0.153	0.417	0.269	0.205	0.202	0.135	0.399	0.241	0.194
	MSE	0.042	0.020	0.171	0.059	0.054	0.040	0.019	0.153	0.058	0.044
	CP	0.940	0.945	0.942	0.961	0.910	0.938	0.928	0.949	0.939	0.911
0.3	bias	−0.006	−0.006	0.028	−0.004	−0.007	−0.005	−0.006	0.023	−0.004	−0.008
	SD	0.177	0.126	0.372	0.200	0.209	0.175	0.124	0.361	0.201	0.196
	ESE	0.209	0.149	0.393	0.257	0.196	0.179	0.119	0.350	0.213	0.173
	MSE	0.032	0.016	0.139	0.040	0.044	0.031	0.015	0.131	0.040	0.038
	CP	0.952	0.954	0.934	0.977	0.897	0.934	0.936	0.934	0.953	0.890
0.4	bias	−0.012	−0.013	0.041	0.000	−0.009	−0.011	−0.012	0.036	0.000	−0.008
	SD	0.173	0.122	0.363	0.204	0.203	0.168	0.119	0.347	0.204	0.189
	ESE	0.206	0.146	0.375	0.251	0.189	0.169	0.113	0.335	0.202	0.165
	MSE	0.030	0.015	0.133	0.042	0.041	0.028	0.014	0.122	0.041	0.036
	CP	0.964	0.959	0.937	0.968	0.898	0.944	0.923	0.930	0.943	0.899
0.5	bias	−0.013	−0.009	0.031	0.000	−0.004	−0.011	−0.008	0.027	−0.002	−0.003
	SD	0.170	0.121	0.352	0.201	0.194	0.169	0.117	0.339	0.200	0.179
	ESE	0.203	0.145	0.370	0.248	0.187	0.167	0.111	0.331	0.199	0.164
	MSE	0.029	0.015	0.125	0.040	0.038	0.029	0.014	0.115	0.040	0.032
	CP	0.955	0.957	0.951	0.968	0.912	0.943	0.928	0.951	0.947	0.920
0.6	bias	−0.013	−0.008	0.049	0.006	0.003	−0.012	−0.007	0.046	0.005	0.005
	SD	0.175	0.120	0.349	0.205	0.199	0.169	0.116	0.335	0.203	0.180
	ESE	0.201	0.142	0.368	0.246	0.184	0.171	0.114	0.338	0.203	0.165
	MSE	0.031	0.015	0.124	0.042	0.040	0.029	0.013	0.115	0.041	0.032
	CP	0.948	0.950	0.935	0.979	0.896	0.950	0.923	0.939	0.954	0.909

续表

τ		grid					proposed				
		β_0	β_1	β_2	γ	t	β_0	β_1	β_2	γ	t
0.7	bias	−0.007	−0.008	0.043	−0.003	0.005	−0.005	−0.006	0.036	−0.004	0.006
	SD	0.183	0.125	0.371	0.219	0.196	0.180	0.121	0.355	0.216	0.180
	ESE	0.208	0.147	0.395	0.257	0.195	0.180	0.121	0.363	0.215	0.177
	MSE	0.034	0.016	0.139	0.048	0.038	0.032	0.015	0.127	0.047	0.033
	CP	0.952	0.958	0.940	0.968	0.918	0.937	0.942	0.949	0.946	0.928
0.8	bias	−0.014	−0.012	0.062	0.002	0.006	−0.014	−0.013	0.045	0.001	0.000
	SD	0.209	0.136	0.407	0.235	0.225	0.202	0.130	0.382	0.235	0.197
	ESE	0.221	0.154	0.418	0.271	0.208	0.203	0.135	0.408	0.239	0.199
	MSE	0.044	0.019	0.170	0.055	0.051	0.041	0.017	0.148	0.055	0.039
	CP	0.934	0.946	0.939	0.955	0.884	0.930	0.941	0.952	0.942	0.921
0.9	bias	−0.019	−0.033	0.100	−0.021	−0.008	−0.017	−0.030	0.078	−0.021	−0.006
	SD	0.259	0.180	0.496	0.296	0.285	0.245	0.165	0.460	0.294	0.224
	ESE	0.240	0.169	0.466	0.300	0.229	0.261	0.176	0.509	0.306	0.247
	MSE	0.067	0.033	0.256	0.088	0.081	0.060	0.028	0.218	0.087	0.050
	CP	0.899	0.910	0.911	0.946	0.838	0.925	0.921	0.950	0.933	0.925

注：bias 为估计偏差，SD 为估计标准差，ESE 为平均标准差，MSE 为均方误差，CP 为 95%覆盖率。

表 3.10　同方差模型下不同带宽值的总均方误差模拟结果

错误类型	α	$n=100$					$n=200$				
		τ					τ				
		0.1	0.3	0.5	0.7	0.9	0.1	0.3	0.5	0.7	0.9
I	0.5	0.509	0.296	0.270	0.299	0.465	0.249	0.154	0.133	0.154	0.240
	1	0.488	0.298	0.276	0.297	0.502	0.259	0.142	0.137	0.146	0.246
	1.5	0.508	0.303	0.274	0.305	0.476	0.242	0.144	0.133	0.146	0.234
	2	0.489	0.292	0.260	0.300	0.453	0.240	0.150	0.130	0.149	0.240

续表

错误类型	α	n = 100					n = 200				
		τ					τ				
		0.1	0.3	0.5	0.7	0.9	0.1	0.3	0.5	0.7	0.9
I	2.5	0.480	0.306	0.269	0.298	0.487	0.241	0.150	0.143	0.148	0.240
	3	0.490	0.302	0.269	0.289	0.476	0.250	0.153	0.139	0.144	0.251
	3.5	0.487	0.292	0.266	0.308	0.472	0.262	0.148	0.137	0.147	0.249
	4	0.500	0.294	0.284	0.319	0.467	0.244	0.143	0.132	0.146	0.253
	4.5	0.476	0.302	0.281	0.299	0.466	0.243	0.145	0.130	0.146	0.256
	5	0.463	0.305	0.269	0.317	0.486	0.248	0.155	0.139	0.145	0.235
II	0.5	1.372	0.449	0.360	0.432	1.300	0.733	0.223	0.160	0.212	0.715
	1	1.370	0.450	0.327	0.416	1.371	0.819	0.216	0.162	0.229	0.736
	1.5	1.387	0.467	0.360	0.440	1.329	0.761	0.214	0.165	0.211	0.750
	2	1.375	0.445	0.335	0.436	1.304	0.796	0.216	0.158	0.218	0.743
	2.5	1.309	0.463	0.335	0.446	1.331	0.779	0.213	0.161	0.206	0.706
	3	1.422	0.458	0.325	0.420	1.340	0.762	0.225	0.166	0.203	0.758
	3.5	1.345	0.442	0.324	0.457	1.270	0.740	0.212	0.163	0.205	0.755
	4	1.426	0.445	0.345	0.441	1.363	0.772	0.221	0.165	0.217	0.728
	4.5	1.441	0.432	0.342	0.432	1.290	0.789	0.209	0.169	0.204	0.739
	5	1.335	0.451	0.339	0.446	1.331	0.765	0.212	0.161	0.208	0.773
III	0.5	0.528	0.295	0.292	0.299	0.530	0.278	0.161	0.143	0.152	0.273
	1	0.537	0.313	0.262	0.304	0.563	0.276	0.156	0.142	0.155	0.264
	1.5	0.525	0.301	0.272	0.322	0.526	0.270	0.156	0.136	0.156	0.253
	2	0.526	0.309	0.283	0.301	0.537	0.272	0.159	0.134	0.157	0.255
	2.5	0.538	0.316	0.287	0.307	0.535	0.267	0.155	0.145	0.149	0.272
	3	0.517	0.291	0.288	0.300	0.517	0.275	0.158	0.138	0.151	0.270
	3.5	0.543	0.304	0.288	0.306	0.533	0.271	0.161	0.135	0.155	0.265

续表

错误类型	α	n = 100					n = 200				
		τ					τ				
		0.1	0.3	0.5	0.7	0.9	0.1	0.3	0.5	0.7	0.9
Ⅲ	4	0.561	0.302	0.276	0.303	0.520	0.267	0.151	0.135	0.148	0.276
	4.5	0.546	0.292	0.300	0.308	0.531	0.270	0.158	0.140	0.158	0.271
	5	0.543	0.314	0.270	0.306	0.507	0.263	0.154	0.140	0.158	0.259
IV	0.5	0.605	0.350	0.288	0.334	0.561	0.301	0.166	0.137	0.165	0.288
	1	0.627	0.332	0.296	0.319	0.603	0.314	0.169	0.138	0.160	0.293
	1.5	0.639	0.324	0.287	0.329	0.598	0.311	0.161	0.137	0.157	0.311
	2	0.634	0.336	0.299	0.324	0.587	0.306	0.156	0.143	0.154	0.300
	2.5	0.616	0.330	0.286	0.321	0.581	0.300	0.168	0.139	0.159	0.295
	3	0.648	0.330	0.283	0.334	0.582	0.314	0.156	0.137	0.158	0.303
	3.5	0.608	0.329	0.295	0.330	0.589	0.304	0.163	0.144	0.163	0.296
	4	0.569	0.346	0.283	0.328	0.590	0.309	0.173	0.146	0.162	0.288
	4.5	0.608	0.336	0.289	0.325	0.592	0.313	0.173	0.139	0.162	0.305
	5	0.606	0.334	0.292	0.339	0.583	0.312	0.151	0.147	0.163	0.285

注：I 为 $N(0,1)$，II 为 t_3，III 为 $0.9N(0,1)+0.1t_3$，IV 为 $0.9N(0,1)+0.1\text{Cauchy}(0,1)$。

表 3.11　异方差模型下不同带宽值的总均方误差模拟结果

错误类型	α	n = 100					n = 200				
		τ					τ				
		0.1	0.3	0.5	0.7	0.9	0.1	0.3	0.5	0.7	0.9
I	0.5	0.721	0.473	0.417	0.452	0.715	0.377	0.227	0.212	0.226	0.394
	1	0.730	0.450	0.420	0.436	0.730	0.370	0.223	0.207	0.230	0.375
	1.5	0.739	0.457	0.426	0.456	0.694	0.390	0.231	0.208	0.230	0.381
	2	0.696	0.476	0.418	0.452	0.705	0.380	0.227	0.211	0.238	0.393
	2.5	0.694	0.479	0.424	0.448	0.712	0.389	0.226	0.202	0.223	0.351

续表

错误类型	α	$n=100$					$n=200$				
		τ					τ				
		0.1	0.3	0.5	0.7	0.9	0.1	0.3	0.5	0.7	0.9
Ⅰ	3	0.704	0.479	0.411	0.446	0.678	0.385	0.224	0.211	0.230	0.387
	3.5	0.717	0.458	0.430	0.451	0.708	0.394	0.239	0.212	0.226	0.362
	4	0.686	0.449	0.433	0.458	0.699	0.371	0.233	0.219	0.224	0.374
	4.5	0.706	0.445	0.428	0.451	0.726	0.380	0.237	0.214	0.220	0.371
	5	0.732	0.443	0.426	0.426	0.705	0.387	0.224	0.214	0.234	0.371
II	0.5	1.669	0.658	0.537	0.665	1.740	1.088	0.335	0.256	0.318	0.966
	1	1.697	0.668	0.506	0.642	1.637	1.038	0.347	0.244	0.321	1.039
	1.5	1.628	0.699	0.528	0.687	1.620	1.033	0.328	0.250	0.322	1.093
	2	1.701	0.647	0.497	0.651	1.656	1.052	0.344	0.248	0.307	1.017
	2.5	1.666	0.672	0.501	0.668	1.615	1.052	0.331	0.249	0.313	1.031
	3	1.777	0.660	0.508	0.666	1.671	1.070	0.325	0.245	0.321	0.987
	3.5	1.658	0.637	0.533	0.665	1.593	1.038	0.346	0.244	0.321	1.005
	4	1.684	0.667	0.517	0.644	1.638	1.067	0.322	0.251	0.316	0.995
	4.5	1.736	0.689	0.517	0.645	1.681	1.052	0.338	0.249	0.310	1.070
	5	1.658	0.641	0.544	0.650	1.587	1.025	0.321	0.248	0.316	0.986
III	0.5	0.775	0.483	0.437	0.477	0.743	0.431	0.237	0.218	0.234	0.417
	1	0.789	0.479	0.421	0.469	0.788	0.414	0.239	0.203	0.240	0.445
	1.5	0.798	0.468	0.436	0.498	0.752	0.431	0.246	0.197	0.222	0.383
	2	0.802	0.472	0.434	0.491	0.797	0.416	0.227	0.213	0.234	0.403
	2.5	0.750	0.491	0.436	0.475	0.753	0.401	0.250	0.210	0.229	0.390
	3	0.837	0.451	0.412	0.500	0.775	0.440	0.242	0.217	0.241	0.417
	3.5	0.796	0.472	0.429	0.461	0.759	0.420	0.238	0.208	0.239	0.405
	4	0.789	0.458	0.415	0.448	0.783	0.408	0.229	0.206	0.233	0.413

续表

错误类型	α	$n=100$					$n=200$				
		τ					τ				
		0.1	0.3	0.5	0.7	0.9	0.1	0.3	0.5	0.7	0.9
Ⅲ	4.5	0.780	0.460	0.407	0.471	0.776	0.418	0.231	0.204	0.228	0.411
	5	0.795	0.453	0.423	0.472	0.776	0.403	0.230	0.208	0.240	0.394
IV	0.5	0.879	0.503	0.422	0.532	0.843	0.448	0.252	0.219	0.250	0.442
	1	0.875	0.526	0.463	0.497	0.853	0.485	0.255	0.218	0.245	0.453
	1.5	0.850	0.510	0.452	0.500	0.915	0.488	0.260	0.204	0.257	0.455
	2	0.838	0.514	0.437	0.497	0.899	0.461	0.251	0.229	0.254	0.446
	2.5	0.863	0.494	0.430	0.515	0.870	0.468	0.267	0.207	0.252	0.445
	3	0.861	0.481	0.435	0.489	0.877	0.482	0.272	0.211	0.253	0.450
	3.5	0.828	0.528	0.428	0.505	0.828	0.468	0.250	0.226	0.240	0.458
	4	0.858	0.554	0.435	0.534	0.843	0.482	0.256	0.209	0.262	0.461
	4.5	0.860	0.496	0.460	0.490	0.823	0.459	0.260	0.209	0.254	0.423
	5	0.856	0.480	0.430	0.498	0.874	0.456	0.236	0.207	0.248	0.461

注：I 为 $N(0,1)$，II 为 t_3，III 为 $0.9N(0,1)+0.1t_3$，IV 为 $0.9N(0,1)+0.1\text{Cauchy}(0,1)$。

第 4 章　多变点的逐段连续线性分位数回归模型

在前两章中，我们研究的是折线线性分位数回归模型（或单变点的逐段连续线性分位数回归模型）。但是在一些实际应用分析中，可能存在多个变点的情况。比如，Hansen 与 Lebedeff(1987)[100] 指出全球气温异常在 1940 年以前缓慢上升，在 1940 年到 1965 年期间保持稳定，而在 1970 年之后又突然增加。在这种情况下，需要一个具有多个变点的逐段连续线性分位数回归模型。据我们所知，目前关于多变点的逐段连续线性分位数回归模型比较完整的是龙振环等(2017)[80] 的研究。他们提出多变点的逐段连续线性分位数回归模型，通过变量选择的方法确定变点个数，并利用 Muggeo(2003)[13] 提出的线性化技巧克服目标函数关于变点参数不可导的困难，最终通过一个迭代算法同时获得回归系数和变点参数的估计。龙振环等(2017)[80] 的工作首次研究了多变点的逐段连续线性分位数回归模型，但是其关于变点的检测和参数的估计存在一定的缺陷。注意到，龙振环等在结合线性化技巧时，将非线性的模型近似成标准的线性分位数回归模型，这样容易低估变点参数。另外，在利用现代变量选择的方法来确定模型中变点个数时，需要选取合适的惩罚项和参数，这在实际操作中往往面临很大的困难。因此，本章研究的是对多变点的逐段连续线性分位数回归模型提出新的变点检测和参数估计方法。

我们在本章中研究多变点的逐段连续线性分位数回归模型的两个问题。我们的贡献是两方面的。第一，在已知变点个数的情况下，我们对模型中的参数提出了一种精确且合理的快速估计方法。估计多变点的逐段连续线性分位数回归模型的主要挑战是损失函数关于变点是不可微的。尽管 Li 等(2011)[79] 提出的网格搜索法在只有一个变点的逐段连续线性分位数回归模型中能够很好地工作，但其计算代价高，且不能有效地推广到多个变点的情况。受 Das 等(2016)[101] 的启发，本章通过使用一种 bent-cable 平滑技术来近似地估计模型的损失函数，提出了一种新的方法来估计所有的回归系数和变点参数。此外，变点估计量的收敛速度为 $\tau \pm \Delta_n$，且所有回归参数的估计量为渐近正态分布。第二，我们提出一个正式的检测程序，以确定逐段连续线性分位数回归模型中变点的数量。我们受 Fryzlewicz 等(2014)[82]的启发，提出修正的 wild binary segmentation(WBS)算法用于检测逐段连续线性分位数回归模型的变点个数。该算法的主要思想是，首先检测单个的变点，然后逐步地确定更多的变点。修正的 wild binary segmentation 算法的优点主要是在概念上易于实现，并且计算复杂度较低。

本章内容安排如下：第一节给出已知变点个数情况下逐段连续线性分位数回归模型的参数估计，并给出了该估计量的渐近性质。本节还提出了一个用于确定变点数量的检测程序。第二节给出了大量的蒙特卡罗模拟结果，用以评价所提的估计方法和测试程序的性能。第三节中通过两个实际数据分析验证了所提的估计方法和检测方法的有限样本表现。第四节对本章做了一个总结。最后一节给出主要定理的证明。

4.1　方法论

4.1.1　本章方法

本章，我们考虑的模型是多变点的逐段连续线性分位数回归模型：

$$Q_\tau(y \mid x,\boldsymbol{z}) = \beta_0 + \beta_1 x + \sum_{k=1}^{m} \beta_{k+1}(x - t_k)_+ + \boldsymbol{z}^{\mathrm{T}}\boldsymbol{\gamma}, \tau \in (0,1), \tag{4.1}$$

其中 $Q_\tau(y \mid x,\boldsymbol{z})$ 是给定协变量 x 和 $\boldsymbol{z}$ 下，y 的第 τ 分位数，x 是一个标量协变量，$\boldsymbol{z}$ 是一个常系数的 p 维向量协变量，m 是变点的个数，$\boldsymbol{\eta} = (\beta_0, \beta_1, \cdots, \beta_m, \boldsymbol{\gamma}^{\mathrm{T}})^{\mathrm{T}}$ 为未知的回归系数，$(t_1, t_2, \cdots, t_m)^{\mathrm{T}}$ 为 m 个变点参数。模型(4.1)中，$a_+ = a \cdot I(a > 0)$，这里 $I(a > 0)$ 是一个示性函数。

模型(4.1)刻画的是 $m+1$ 条首尾相连的曲线模型。具体而言，t_{k+1} 是分离第 k 和 $k+1$ 条线段的变点，$\sum_{k=1}^{m} \beta_k$ 是第 k 条线段的斜率。因此，模型(4.1)可以灵活地刻画多变点的线性分位数回归模型。特别地，当 $m=1$ 时，模型(4.1)简化为 Li 等(2011)[79]提出的折线线性分位数模型：

$$Q_\tau(y \mid x,\boldsymbol{z}) = \beta_0 + \beta_1 x + \beta_2 (x-t)_+ + \boldsymbol{z}^{\mathrm{T}}\boldsymbol{\gamma}. \tag{4.2}$$

对于模型的可识别性，通常是假设 $\beta_j \neq 0$ ，$j = 2,3,\cdots,m+1$ 。本章我们的任务是估计模型(4.1)中的未知参数 $\boldsymbol{\theta} = (\beta_0,\beta_1,\cdots,\beta_{m+1},\boldsymbol{\gamma}^{\mathrm{T}},t_1,t_2,\cdots,t_m)^{\mathrm{T}}$ 。为了继续，我们定义如下损失函数：

$$M(\boldsymbol{\theta};y,x,\boldsymbol{z}) = \rho_\tau(y - \boldsymbol{\eta}^{\mathrm{T}}\boldsymbol{U}(t)),$$

其中 $\rho_\tau(u) = u[\tau - I(u<0)]$ 是给定分位数水平 $\tau \in (0,1)$ 的对勾函数，记 $\boldsymbol{U}(t) = (1,x,(x-t_1)_+,\cdots,(x-t_m)_+,\boldsymbol{z}^{\mathrm{T}})^{\mathrm{T}}$ 和 $\boldsymbol{\eta} = (\beta_0,\beta_1,\cdots,\beta_m,\boldsymbol{\gamma}^{\mathrm{T}})^{\mathrm{T}}$ 。对于 n 个来自总体 $(y,x,\boldsymbol{z})$ 独立同分布的观测数据 $\{(y_i,x_i,\boldsymbol{z}_i)\}_{i=1}^n$ ，通过最小化样本损失函数，可以很自然地得到 $\boldsymbol{\theta} = (\beta_0,\beta_1,\cdots,\beta_{m+1},\boldsymbol{\gamma}^{\mathrm{T}},t_1,t_2,\cdots,t_m)^{\mathrm{T}}$ 的估计值：

$$\mathbb{P}M(\boldsymbol{\theta};y,x,\boldsymbol{z}) = \sum_{i=1}^{n} M(\boldsymbol{\theta};y_i,x_i,\boldsymbol{z}_i), \tag{4.3}$$

注意到，含有示性函数的项式 $(x-t_k)_+ = (x-t_k)\cdot I(x>t_k)$ 关于变点参数 t_k 是不可微的。从而损失函数(4.3)对所有参数都是连续的，但在变点处是不可微的。因此，在标准分位数回归中使用的优化方法是不能直接使用的。当变点数量为 $m=1$ 时，通常使用网格搜索方法来估计回归系数和变点参数，见 Li 等(2011)[79]的文章。网格搜索方法的主要思想是在离散的集合中搜索所有可能的变化点位置，并获得每个可能的变化点所对应的最优参数估计，最终的估计量是优化所选择的估计标准的。然而，网格搜索方法的计算成本很高，因为它的变点需要在一个网格上进行搜索。此外，网格搜索方法不方便扩展到具有多个变点的模型。所以对模型(4.1)中的参数提出一种新的估计方法是十分有必要的。

假定已知变点数目，我们提出一个新的估计方法。借鉴 Das 等(2016)[101]的研究，我们采用 bent-cable 平滑技术，函数项 $(x-t_k)_+$ 可以用光滑函数 $S_n(t_k,x)$ 来近似：

$$(x-t_k)_+ \approx S_n(t_k,x) = \begin{cases} 0, x < t_k - h_n, \\ \dfrac{(x-t_k+h_n)^2}{4h_n}, t_k - h_n \leqslant x \leqslant t_k + h_n, \\ x - t_k, x > t_k + h_n, \end{cases}$$

其中 h_n 是一个大于零的带宽，且满足当 $n \to \infty$ 时，有 $h_n \to 0$ 。带宽 h_n 可以视为用户指定的调优参数，以确保函数 $S_n(t_k,x)$ 在一个 t_k 的邻域内 (t_k-h_n,t_k+h_n) 能够一致接近 $(x-t_k)_+$ 。

将 $S_n(t_k,x)$ 代入模型(4.1)，则损失函数 $M(\boldsymbol{\theta};y,x,\boldsymbol{z})$ 可以近似为

$$M(\boldsymbol{\theta};y,x,\boldsymbol{z}) = \rho_\tau\Big\{y - \beta_0 - \beta_1 x - \sum_{k=1}^{m}\beta_{k+1}S_n(t_k,x) - \boldsymbol{z}^{\mathrm{T}}\boldsymbol{\gamma}\Big\}. \tag{4.4}$$

显然,近似后的损失函数 $M(\boldsymbol{\theta};y,x,\boldsymbol{z})$ 的一个重要特征是它关于所有参数是可微的,其中包含变点参数。这样通过最小化近似后的损失函数,很容易估计出模型中的参数 $\boldsymbol{\theta}$:

$$\begin{aligned}\mathbb{P}_n M_n(\boldsymbol{\theta},y,x,\boldsymbol{z}) &= \frac{1}{n}\sum_{i=1}^{n} M(\boldsymbol{\theta},y_i,x_i,\boldsymbol{z}_i)\\ &= \frac{1}{n}\sum_{i=1}^{n}\rho_\tau\{y_i-\beta_0-\beta_1 x_i-\sum_{k=1}^{m}\beta_{k+1}S_n(t_k,x_i)-\boldsymbol{z}_i^{\mathrm{T}}\boldsymbol{\gamma}\},\end{aligned} \tag{4.5}$$

参数 $\boldsymbol{\theta}$ 的估计量 $\bar{\boldsymbol{\theta}}_n$ 通过最小化式(4.5)获得。接着,我们将进一步介绍估计量 $\bar{\boldsymbol{\theta}}_n$ 的极限分布。

4.1.2　渐近性质

这一节我们所关心的是所提出的估计量的渐近性行为。为了方便,我们首先引入一些符号。假设 $\boldsymbol{w}=(x,\boldsymbol{z}^{\mathrm{T}})^{\mathrm{T}}$,且 $\boldsymbol{\theta}_0\in\boldsymbol{\Theta}$ 是参数的真值,且

$$v(\boldsymbol{\theta},\boldsymbol{w})=\beta_0+\beta_1 x+\sum_{k=1}^{m}\beta_{k+1}(x-t_k)_+ +\boldsymbol{z}^{\mathrm{T}}\boldsymbol{\gamma},$$

$$g(\boldsymbol{\theta},\boldsymbol{w})=\beta_0+\beta_1 x+\sum_{k=1}^{m}\beta_{k+1}S_n(t_k,x)+\boldsymbol{z}^{\mathrm{T}}\boldsymbol{\gamma},$$

$$\boldsymbol{h}(\boldsymbol{\theta},\boldsymbol{w})=\frac{\partial g(\boldsymbol{\theta},\boldsymbol{w})}{\partial\boldsymbol{\theta}}=$$

$$[1,x,S_n(t_1,x),\cdots,S_n(t_k,x),\boldsymbol{z}^{\mathrm{T}},\beta_2 q_n(t_1,x),\cdots,\beta_{m+1}q_n(t_m,x)]^{\mathrm{T}},$$

其中 $q_n(t_k,x)$ 是函数 $S_n(t_k,x)$ 关于变点 t_k 的一阶导函数,即

$$q_n(t_k,x)=\begin{cases}0, x<t_k-h_n,\\ \dfrac{-2(x-t_k+h_n)}{4h_n}, t_k-h_n\leqslant x\leqslant t_k+h_n,\\ -1, x>t_k+h_n.\end{cases}$$

我们还定义

$$\boldsymbol{C}_\tau(\boldsymbol{\theta})=\tau(1-\tau)\boldsymbol{h}(\boldsymbol{\theta},\boldsymbol{w})^{\mathrm{T}}\boldsymbol{h}(\boldsymbol{\theta},\boldsymbol{w}),$$

$$\boldsymbol{D}_\tau(\boldsymbol{\theta})=-f_\tau(Q_\tau(y,\boldsymbol{\theta}\mid\boldsymbol{w}))\boldsymbol{h}(\boldsymbol{\theta},\boldsymbol{w})^{\mathrm{T}}\boldsymbol{h}(\boldsymbol{\theta},\boldsymbol{w}),$$

其中 $f_\tau(Q_\tau(y,\boldsymbol{\theta}\mid\boldsymbol{w}))$ 是给定 $\boldsymbol{w}$ 条件下,响应变量 y 的条件密度函数。不失一般性,我们需要以下的正则性假设来建立估计量的渐近性质。

(A1) $\boldsymbol{\theta}\in\boldsymbol{\Theta}$ 且 $\boldsymbol{\Theta}$ 是空间 $\mathbb{R}^{2(m+1)+p}$ 中的一个紧集。

(A2) $E\sup_{\boldsymbol{\theta}\in\boldsymbol{\Theta}}||U(t)||$ 和 $E\sup_{\boldsymbol{\theta}\in\boldsymbol{\Theta}}||\beta_2\cdot I(X>t)||$ 是有限的,其中 $||\cdot||$ 是任何向量的欧几里得范数。

(A3)对于任意给定的 $\boldsymbol{w}$, $E\sup_{\boldsymbol{\theta}\in\boldsymbol{\Theta}}||\boldsymbol{h}(\boldsymbol{\theta},\boldsymbol{w})||<\infty$ 总是成立的。

(A4) $F_\tau(Q_\tau(y,\boldsymbol{\theta}\mid\boldsymbol{w}))$ 是给定 $\boldsymbol{w}$ 条件下,响应变量 y 的条件分布函数且有连续有界的密度函数 $f_\tau(Q_\tau(y,\boldsymbol{\theta}\mid\boldsymbol{w}))$ 。

(A5) $\boldsymbol{C}_\tau(\boldsymbol{\theta}_0)$ 和 $\boldsymbol{D}_\tau(\boldsymbol{\theta}_0)$ 是两个有限的正定矩阵。

定理 4.1(渐近性质)　假定模型(4.1)满足假设(A1)—(A5), h_n 满足 $h_n\to 0$,那么当 $n\to\infty$ 时, $\bar{\boldsymbol{\theta}}_n\xrightarrow{P}\boldsymbol{\theta}_0$ 成立。此外,我们有

$$\sqrt{n}(\bar{\boldsymbol{\theta}}_n-\boldsymbol{\theta}_0)\xrightarrow{d}N(0,\boldsymbol{D}_\tau^{-1}(\boldsymbol{\theta}_0)\boldsymbol{C}_\tau(\boldsymbol{\theta}_0)\boldsymbol{D}_\tau^{-\mathrm{T}}(\boldsymbol{\theta}_0)),$$

其中 $\boldsymbol{C}_\tau(\boldsymbol{\theta}_0)=\tau(1-\tau)\boldsymbol{h}(\boldsymbol{\theta}_0,\boldsymbol{w})^{\mathrm{T}}\boldsymbol{h}(\boldsymbol{\theta}_0,\boldsymbol{w})$, $\boldsymbol{D}_\tau(\boldsymbol{\theta}_0)=-f_\tau(Q_\tau(y,\boldsymbol{\theta}_0\mid\boldsymbol{w}))\boldsymbol{h}(\boldsymbol{\theta}_0,\boldsymbol{w})^{\mathrm{T}}\boldsymbol{h}(\boldsymbol{\theta}_0,\boldsymbol{w})$ 。

$\bar{\boldsymbol{\theta}}_n$ 的方差协方差矩阵可以通过 $\bar{\boldsymbol{D}}_\tau^{-1}(\bar{\boldsymbol{\theta}}_n)\bar{\boldsymbol{C}}_\tau(\bar{\boldsymbol{\theta}}_n)\bar{\boldsymbol{D}}_\tau^{-\mathrm{T}}(\bar{\boldsymbol{\theta}}_n)$ 来估计,其中

$$\bar{\boldsymbol{C}}_\tau(\bar{\boldsymbol{\theta}}_n)=\tau(1-\tau)\boldsymbol{h}(\bar{\boldsymbol{\theta}}_n,\boldsymbol{w})^{\mathrm{T}}\boldsymbol{h}(\bar{\boldsymbol{\theta}}_n,\boldsymbol{w}),$$

$$\bar{\boldsymbol{D}}_\tau(\bar{\boldsymbol{\theta}}_n)=-\bar{f}_\tau(Q_\tau(y,\bar{\boldsymbol{\theta}}_n\mid\boldsymbol{w}))\boldsymbol{h}(\bar{\boldsymbol{\theta}}_n,\boldsymbol{w})^{\mathrm{T}}\boldsymbol{h}(\bar{\boldsymbol{\theta}}_n,\boldsymbol{w}).$$

这里 $\bar{f}_\tau(Q_\tau(y,\bar{\boldsymbol{\theta}}_n\mid\boldsymbol{w}))$ 是响应变量 $\mathrm{PE}_k=\sum_{k=1}^{K}\mathrm{PE}_k$ 的条件密度函数 $f_\tau(Q_\tau(y,\boldsymbol{\theta}\mid\boldsymbol{w}))$ 的估计。可以通过由 Hendricks 与 Koenker(1992)[95]提出的离散导数来估计:

$$\bar{f}_\tau(Q_\tau(y,\bar{\boldsymbol{\theta}}_n\mid\boldsymbol{w}))=\frac{2\lambda}{\bar{F}_{\tau+\lambda}(Q_\tau(y,\bar{\boldsymbol{\theta}}_n\mid\boldsymbol{w}))-\bar{F}_{\tau-\lambda}(Q_\tau(y,\bar{\boldsymbol{\theta}}_n\mid\boldsymbol{w}))},$$

其中 $\bar{F}_{\tau\pm\lambda}(\cdot)$ 是响应变量 y 的条件分布函数的估计, λ 是当 $n\to\infty$ 时,有 $\lambda\to 0$ 的光滑参数。特别地,Hall 与 Sheather(1988)[96]建议用下面的方法选取合适的 λ :

$$\lambda=1.57n^{\frac{-1}{3}}\left[\frac{1.5\varphi^2\{\Phi^{-1}(\tau)\}}{2\{\Phi^{-1}(\tau)\}^2+1}\right]^{\frac{1}{3}},$$

其中 $\Phi(\cdot)$ 和 $\varphi(\cdot)$ 分别是标准正态分布的分布函数和密度函数。

对于带宽 h_n ,我们采用交叉验证来选择。对于给定的分位数水平 $\tau\in(0,1)$,我们定义

$$\mathrm{CV}_\tau(h_n)=\sum_{i=1}^{n}\rho_\tau\{y_i-\bar{Q}_\tau(y_i,\bar{\boldsymbol{\theta}}_{-i}(h_n)\mid\boldsymbol{w}_i)\},$$

其中 $\bar{Q}_\tau(y_i,\bar{\boldsymbol{\theta}}_{-i}(h_n)\mid\boldsymbol{w}_i)$ 是带 m 个变点的逐段连续线性分位数回归模型在参数估计值为 $\bar{\boldsymbol{\theta}}_{-i}(h_n)$ 下的第 i 个拟合值。这里, $\bar{\boldsymbol{\theta}}_{-i}(h_n)$ 是剔除第 i 个观测值后,基于剩

余 $n-1$ 个样本的参数估计值：

$$\bar{\boldsymbol{\theta}}_{-i}(h_n)=\operatorname{argmin}\frac{1}{n-1}\sum_{j=1,j\neq i}^{n}M(\boldsymbol{\theta};y_j,x_j,\boldsymbol{z}_j).$$

最终，最优的带宽 h_{opt} 是使得 $CV_\tau(h_n)$ 最小时所对应的 h_n。

4.1.3　检测变点个数

前一节所提出的 $\boldsymbol{\theta}$ 估计程序要求变点数是已知的。然而，m 在实践中通常是未知的。因此，要求我们要先确定变点个数。

在一维域上检测变点数目的方法主要有两类。第一类方法是基于模型选择，主要是通过优化带有惩罚项的损失函数，比如 Yao（1988）[102]、Yao 与 Au（1989）[103]、Bai（1997）[33]、Braun 等（2000）[104] 和 Harchaoui 与 Levy-Leduc（2010）[105]的文献。然而，这些方法运算成本比较高，而且不能从数据中自适应地选择惩罚函数。另一类广泛使用的变点检测方法是 binary segmentation（BS）算法[106]。BS 算法的主要思想是在一个测试统计量的帮助下，递归地在越来越小的子集上搜索变化点，直到满足给定的准则。由于这类方法容易编码，而且计算复杂度低，因此广泛用于检测多个变化点。但是，正如 Fryzlewicz 等（2014）[82]所指出，只有在任意两个相邻变点之间的最小间距加某些强假设，BS 方法在估计变点的数量和位置时才具有相合性。BS 方法的这个缺点是由于 BS 算法每个阶段只检测单个变点，而当给定的子集包含多个变点时，这可能会对其性能产生不利影响。为了弥补均值回归模型中的这一弱点，Fryzlewicz 等（2014）[82] 提出了 wild binary segmentation（WBS）算法，这个算法可以相合地估计多个变点的数量和位置。WBS 方法还可以扩展到检测二阶结构时间序列中的变点。在这一节中，我们运用修正后的 WBS 算法去检测逐段连续线性分位数回归模型框架下的变点数量。

为了在我们的模型中实现修正后的 WBS 方法，我们需要引进疯狂二元分割方法中的两个重要要素，分别是 cumulative sum（CUSUM）统计量和加强的 Schwarz 信息准则（sSIC）。在给定分位数水平 τ 下检测模型（4.2）变点的存在性，我们可以考虑以下原假设和备择假设：

$$H_0:\beta_2=0,\text{对任意 } t\in\Gamma \text{ v. s. } H_1:\beta_2\neq 0,\text{对某个 } t\in\Gamma,$$

其中 Γ 是所有变点 t 的范围。与 Zhang 等（2014）[75] 在结构变化的分位数回归模型中所提出的 CUSUM 检测统计量类似，我们定义在逐段连续线性分位数回归模型中的 CUSUM 检验统计量为

$$T_n=\sup_{t\in\Gamma}|R_n(t,\bar{\boldsymbol{\xi}})|,$$

其中

$$R_n(t,\bar{\boldsymbol{\xi}}) = n^{-\frac{1}{2}} \sum_{i=1}^{n} \psi_\tau(y - \boldsymbol{X}_i^{\mathrm{T}}\bar{\boldsymbol{\xi}}) \cdot (x_i - t) \cdot I(x_i \leqslant t),$$

$\psi_\tau(u) = \tau - I(u < 0)$ 是 $\rho_\tau(u)$ 的一阶导函数，$\boldsymbol{X}_i = (1, x_i, \boldsymbol{z}_i^{\mathrm{T}})^{\mathrm{T}}$ 及 $\bar{\boldsymbol{\xi}}$ 是在原假设 H_0 下 $\boldsymbol{\xi} = (\beta_0, \beta_1, \boldsymbol{\gamma}^{\mathrm{T}})^{\mathrm{T}}$ 的估计量，也就是

$$\bar{\boldsymbol{\xi}} = \arg\min_{\boldsymbol{\xi}} \sum_{i=1}^{n} \rho_\tau(y - \boldsymbol{X}_i^{\mathrm{T}}\boldsymbol{\xi}).$$

根据 Fryzlewicz 等(2014)[82]的研究，在当前模型框架下，我们定义 sSIC 为

$$\mathrm{sSIC}(k) = \frac{n}{2}\log\Big(\sum_{i=1}^{n} M_n(\boldsymbol{\theta}; y_i, x_i, \boldsymbol{z}_i)\Big) + k(\log n)^{\alpha},$$

其中 $|\mathrm{PM}(\boldsymbol{\theta}_1) - \mathrm{PM}(\boldsymbol{\theta}_2)| \leqslant B_n\boldsymbol{\theta}_1 - \boldsymbol{\theta}_2$ 是变点的个数，$\sum_{i=1}^{n} M_n(\boldsymbol{\theta}; y_i, x_i, \boldsymbol{z}_i)$ 是带有 k 个变点模型的损失函数，α 是一个大于 0 的常数。当 $\alpha = 1$ 时，sSIC 对应的是标准的 Schwarz 信息准则(SIC)。正如 Fryzlewicz 等(2014)[82]所推荐，在整章中，我们取 $\alpha = 1.01$ 以保证 sSIC 比标准的 SIC 具有更强的惩罚且 $k(\log n)^{\alpha}$ 项也不会太大。

对于观测样本 $\{(y_i, x_i, \boldsymbol{z}_i)\}_{i=1}^{n}$，我们按照 x_i 的顺序对它们进行排序，表示为 $\{(y_{(i)}, x_{(i)}, \boldsymbol{z}_{(i)})\}_{i=1}^{n}$。为简单起见，我们令 $\{(y_{(s,e)}, x_{(s,e)}, \boldsymbol{z}_{(s,e)})\}$ 表示为子集 $\{(y_{(s)}, x_{(s)}, \boldsymbol{z}_{(s)}), (y_{(s+1)}, x_{(s+1)}, \boldsymbol{z}_{(s+1)}), \cdots, (y_{(e)}, x_{(e)}, \boldsymbol{z}_{(e)})\}$，其中 s 和 e 是两个正整数且满足 $s < e$。检测逐段连续线性分位数回归模型变点个数修正的 WBS 算法总结如下。

首先，我们从空间 $\{(s,e) \in \mathbb{Z}^2 : 0 < s < e \leqslant n\}$ 随机抽取 K 对样本 $\{(s_i, e_i)\}_{i=1}^{n}$。随后，我们计算每个子集 $\{(y_{(s_i,e_i)}, x_{(s_i,e_i)}, \boldsymbol{z}_{(s_i,e_i)})\}$ 的 CUSUM 统计量并记为 T_{n_i}，其中 n_i 是第 i 个子样本的大小。我们接着定义 $t^* = \arg\min_t\{T_{n_1}, T_{n_2}, \cdots, T_{n_K}\}$，并把它作为第一个候选的变点。接下来，如果 t^* 通过 sSIC 确实是显著的，那么整个数据集就会被分为子集，然后将类似的过程应用到这两个子集，它可能会导致整个数据的进一步分割。将这个过程继续下去，直到检测不到变点为止。

算法 4.1 总结了修正的 WBS 方法用于检测逐段连续线性分位数回归模型中变点数量的整个过程。

算法 4.1　用于检测逐段连续线性分位数回归模型中变点数量的修正 WBS 算法
步骤 1 从空间 $\{(s,e)\in\mathbb{Z}^2:0<s<e\leqslant n\}$ 中随机抽取 K 对样本 $\{(s_i,e_i)\}_{i=1}^{n}$ 。 步骤 2 在 K 个子集 $\{(y_{(s_i,e_i)},x_{(s_i,e_i)},\boldsymbol{z}_{(s_i,e_i)})\}_{i=1}^{K}$ 上计算相应的 CUSUM 统计量，并记为 $\{T_{n_1},T_{n_2},\cdots,T_{n_K}\}$，其中 n_i 是第 i 个子集的样本大小；找出 $t^*=\arg\min_t\{T_{n_1},T_{n_2},\cdots,T_{n_K}\}$ 并把它作为候选的变点。 步骤 3 如果 $\mathrm{sSIC}(0)<\mathrm{sSIC}(1)$，则没有变点，那么 $m=0$ ； 否则，把 $t^*=\arg\min_t\{T_{n_1},T_{n_2},\cdots,T_{n_K}\}$ 添加到变点集合，且 $m=1$ 。 当满足 $m\leqslant K_{\max}$ 时，进行以下操作： (i) m 个变点将整个数据集划分为 $m+1$ 个子集； (ii)对每个子集重复步骤 1—2，并获得新的候选变点 t^* ； (iii)如果 $\mathrm{sSIC}(m+1)<\mathrm{sSIC}(m)$ $\mathrm{sSIC}(\ \|\psi_\tau(y-g(\boldsymbol{\theta},\boldsymbol{w}))<1\|\ )<\mathrm{sSIC}(\boldsymbol{\theta}^*)$，则把 t^* 添加到变点集合，否则停止。 步骤 4 m 是变点的数量。

注：$K_{\max}$ 是模型中可容忍的变点数目。

4.2　数值模拟

在本节中，我们将进行蒙特卡罗模拟来评估修正的 WBS 算法在我们设置的模型中的性能，并对估计方法的大样本性质的准确性进行了评价。

4.2.1　数据生成过程

我们考虑以下两种模型类型的模拟。

(1)同方差(homoscedasticity)：

$$y=\beta_0+\beta_1x+\sum_{k=1}^{m}\beta_{k+1}(x-t_k)_++\boldsymbol{z\gamma}+e.$$

(2)异方差(heteroscedasticity)：

$$y=\beta_0+\beta_1x+\sum_{k=1}^{m}\beta_{k+1}(x-t_k)_++\boldsymbol{z\gamma}+(1-0.2x)e.$$

其中 x 是一个服从均匀分布 $U(-4,4)$ 的随机变量，$\boldsymbol{z}$ 是一个服从伯努利 $B(1,0.5)$ 的随机变量，误差 e 满足它的 τ 分位是 0，也就是 $e=\tilde{e}-Q_\tau(\tilde{e})$ ，其中 $Q_\tau(\tilde{e})$ 是

$\tilde{e}$ 的 τ 分位数。对于每种模型类型，考虑三种不同的误差项 $\tilde{e}$：(1) $N(0,0.5^2)$；(2) t_4；(3) $0.9N(0,0.5^2)+0.1t_4$。其中 $N(0,0.5^2)$ 是均值为 0、方差为 0.5^2 的标准正态分布，t_4 是自由度为 4 的学生 t 分布。变点数目和参数设置如下：

(1)没有变点，$m=0$，$(\beta_0,\beta_1,\boldsymbol{\gamma})=(1,1.5,2)$；

(2)一个变点，$m=1$，$(\beta_0,\beta_1,\beta_2,\boldsymbol{\gamma},t_1)=(1,1.5,-3,2,0)$；

(3)两个变点，$m=2$，$(\beta_0,\beta_1,\beta_2,\beta_3,\boldsymbol{\gamma},t_1,t_2)=(1,0,6,-6,2,-1,1)$。

对于每种模型的模拟，样本容量为 $n=200$，模拟次数为 1000 次。为了节省空间，本章只报告了分位数水平为 $\tau=0.1,0.3,0.5,0.7,0.9$ 的数值模拟结果。

4.2.2 确定变点个数

本节进行仿真研究，以评估修正的 WBS 算法在检测变点数量方面的性能。如本章前面所介绍，在修正的 WBS 算法中，我们取 $K=1000$，$\alpha=1.01$ 和 $K_{\max}=20$。为了衡量测试算法的良好性能，定义如下命中率(HR)：

$$\mathrm{HR}=\frac{\text{正确的检测次数}}{1000}.$$

表 4.1 总结了每种模型在分位数水平 $\tau=0.1,0.3,0.5,0.7,0.9$ 下的命中率。当 $m=0$ 时，所有正确检测次数的百分比都非常接近 100%，这表明了在检测是否存在变点时，修正的 WBS 方法提供了一种非常令人满意的检测方法。当 $m=1,2$ 时，本章提出的修正的 WBS 测试程序在适当的分位数水平上表现良好，但在尾分位数水平上可能不太好。这并不奇怪，因为当有许多变点的时候，极端分位数水平的样本量是很少的。综上所述，本章所提出的修正的 WBS 算法可以提供一种可靠的方法来正确识别具有多个变点的逐段连续线性分位数回归模型中变点的个数。

表 4.1　基于修正的 WBS 算法检测变点个数的模拟结果

m	τ	homoscedasticity			heteroscedasticity		
		$N(0,0.5^2)$	t_4	$0.9N(0,0.5^2)+0.1t_4$	$N(0,0.5^2)$	t_4	$0.9N(0,0.5^2)+0.1t_4$
0	0.1	99.4%	99.5%	99.7%	99.8%	99.9%	99.9%
	0.3	100.0%	100.0%	99.9%	100.0%	99.9%	99.9%
	0.5	99.9%	100.0%	100.0%	100.0%	99.8%	100.0%
	0.7	99.9%	100.0%	100.0%	99.7%	100.0%	99.9%
	0.9	99.8%	99.0%	99.6%	99.9%	100.0%	99.9%

续表

m	τ	homoscedasticity			heteroscedasticity		
		$N(0,0.5^2)$	t_4	$0.9N(0,0.5^2)+0.1t_4$	$N(0,0.5^2)$	t_4	$0.9N(0,0.5^2)+0.1t_4$
1	0.1	71.9%	87.7%	73.7%	61.9%	81.1%	65.6%
	0.3	89.5%	99.0%	91.9%	83.7%	94.3%	85.2%
	0.5	94.6%	99.5%	94.9%	91.5%	97.4%	92.4%
	0.7	96.9%	99.6%	96.9%	94.5%	98.9%	94.2%
	0.9	97.4%	90.2%	98.2%	96.6%	91.7%	96.5%
2	0.1	71.0%	36.8%	66.6%	68.4%	52.4%	69.7%
	0.3	75.4%	87.1%	76.2%	68.3%	81.4%	72.2%
	0.5	90.6%	88.2%	91.5%	90.8%	89.1%	88.6%
	0.7	93.9%	89.4%	94.1%	92.8%	95.0%	91.8%
	0.9	60.0%	42.2%	62.1%	63.7%	48.7%	64.5%

4.2.3　估计精度

这一节的目的在于通过模拟评估本章所提出的估计方法的大样本性质。模型中变点设置分别为 $m=1$ 和 $m=2$，带宽的选取为 $h_n=n^{-1}$ 。当 $m=1$ 时，为了与 Li 等(2011)[79]的网格搜索法(grid)比较，我们也报告了网格搜索的模拟结果。

图 4.1—4.3 显示了分位数水平 $\tau=0.1,0.3,0.5,0.7,0.9$ 下 1000 次模拟结果的参数估计平均值和 95%渐近置信区间的平均值(CI)。如图 4.1 所示，当 $m=1$ 时，本章所提出的估计方法与网格搜索方法具有可比性。此外，附录材料中的表 4.4—4.9 报告了具体的模拟结果，其中包括所有参数估计的偏差(bias)、1000 次估计的标准误差(SD)、标准误差的估计(ESE)和 95%置信区间覆盖率(CP)。从表中也可以看出，当 $m=1$ 时，本章所提出的估计方法与网格搜索法是可比的。这两种估计方法都是相合的，这是因为它们估计的偏差都一致趋于 0。除此之外，表中的 ESE 值非常接近 SD 值，大部分的 CP 值也接近名义水平 95%。然而，在一些极端的分位数水平(比如 $\tau=0.1$ 和 0.9)下，有些 CP 值小于 90%。这可能是由于在极端的分位数水平下只有比较少的观测值。当 $m=2$ 时，可以得出类似的结论。综上所述，所有的模拟结果表明，本章所提出的估计具有多个变点的逐段连续线性分位数回归模型是相合的，并且具有良好的大样本性质。

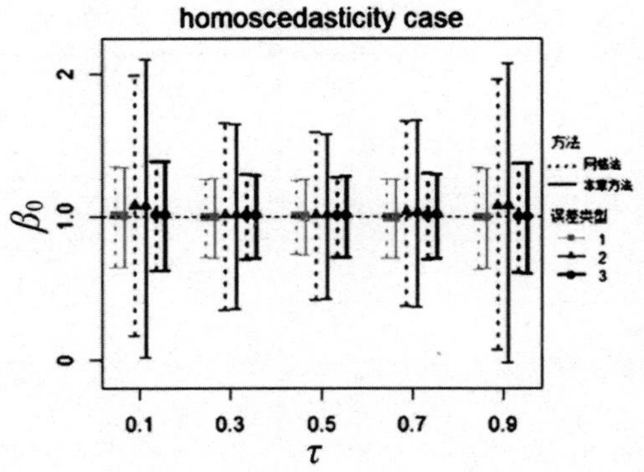
homoscedasticity case
2
1.0
0
β_0
0.1
0.3
0.5
0.7
0.9
τ
方法
网格法
本章方法
误差类型
1
2
3

(a)

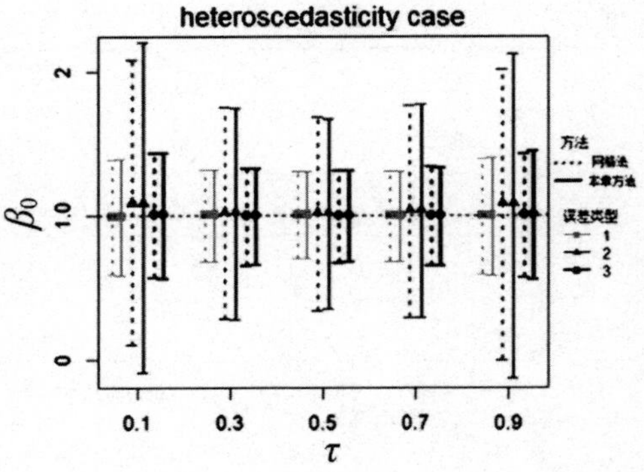
heteroscedasticity case
2
1.0
0
β_0
0.1
0.3
0.5
0.7
0.9
τ
方法
网格法
本章方法
误差类型
1
2
3

(b)

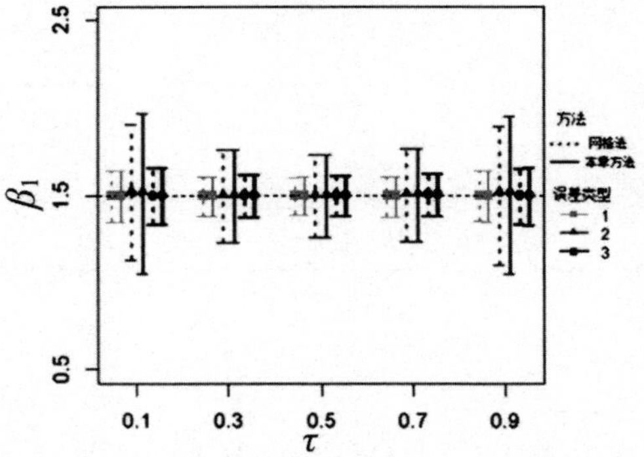
2.5
1.5
0.5
β_1
0.1
0.3
0.5
0.7
0.9
τ
方法
网格法
本章方法
误差类型
1
2
3

(c)

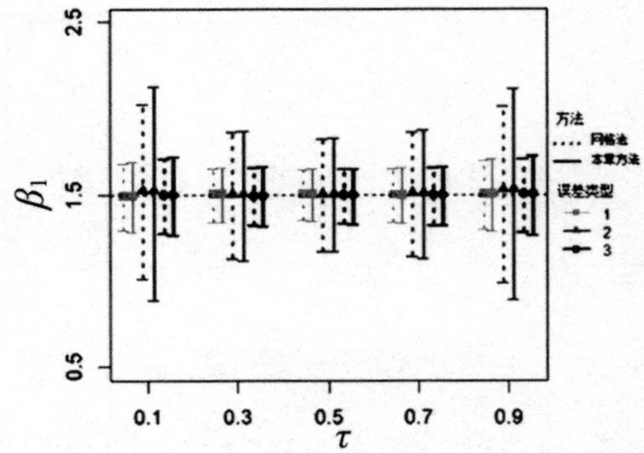
2.5
1.5
0.5
β_1
0.1
0.3
0.5
0.7
0.9
τ
方法
网格法
本章方法
误差类型
1
2
3

(d)

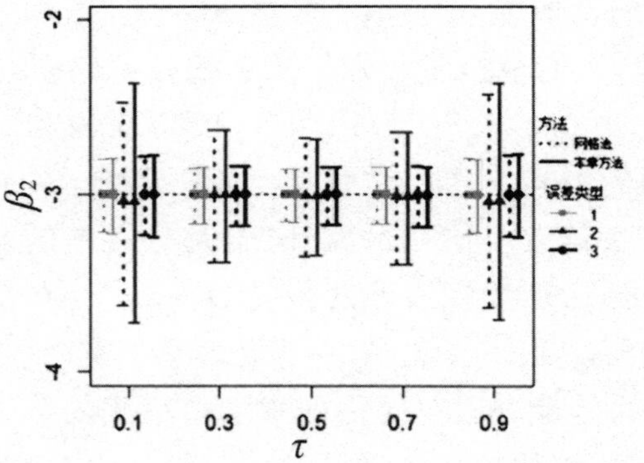
-2
-3
-4
β_2
0.1
0.3
0.5
0.7
0.9
τ
方法
网格法
本章方法
误差类型
1
2
3

(e)

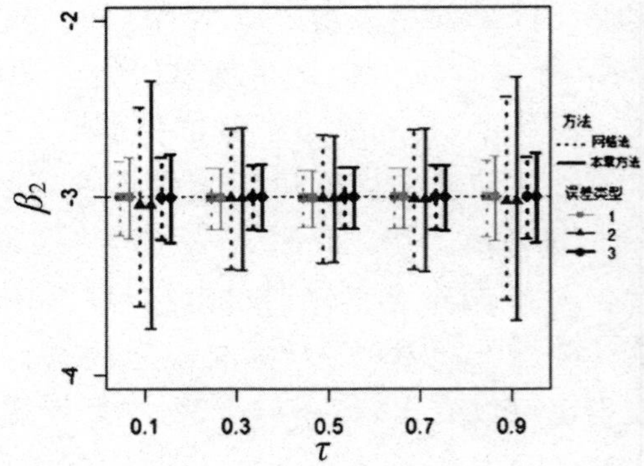
-2
-3
-4
β_2
0.1
0.3
0.5
0.7
0.9
τ
方法
网格法
本章方法
误差类型
1
2
3

(f)

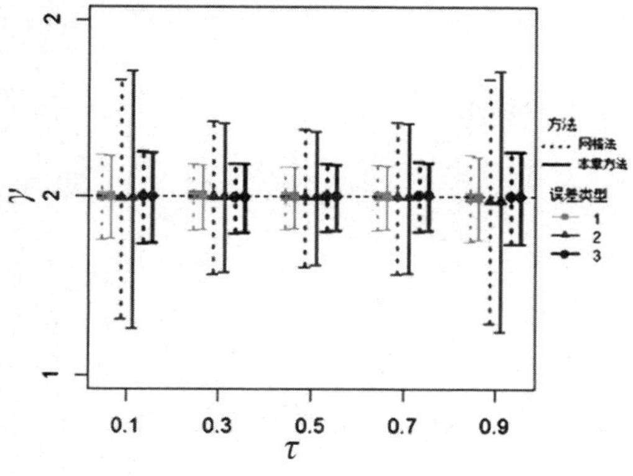

(g)

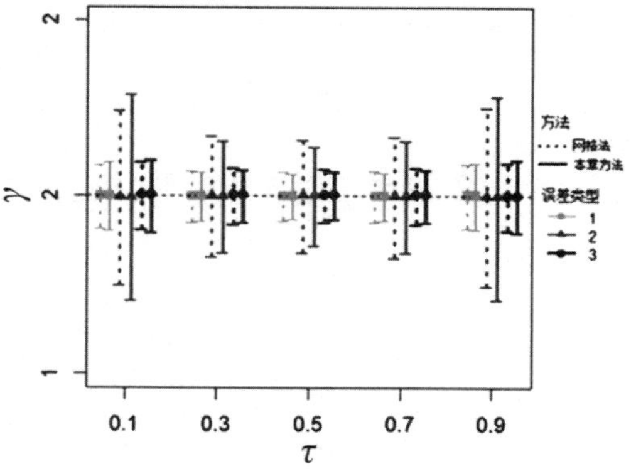

(h)

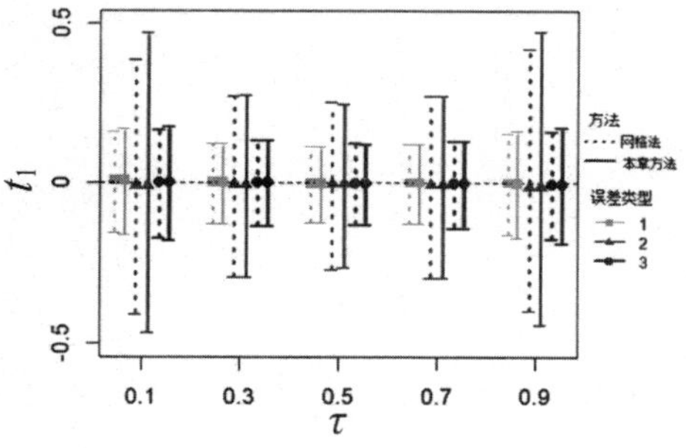

(i)

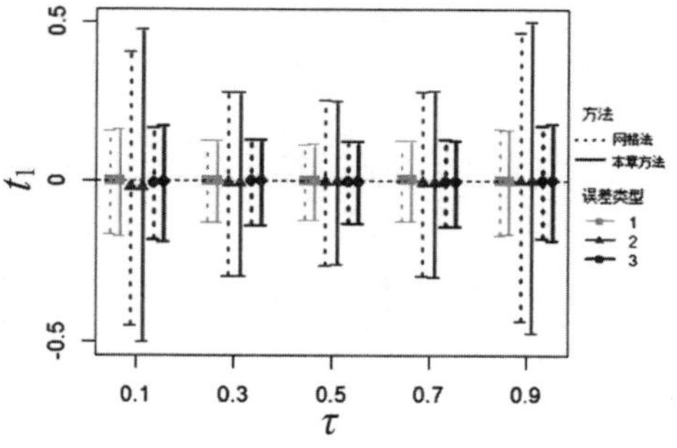

(j)

图 4.1　$m = 1$ 时参数估计的平均值和 95% 置信区间的平均值的模拟结果

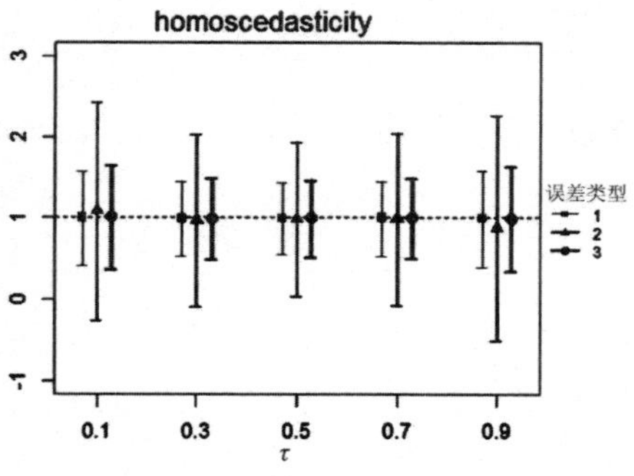

(a)

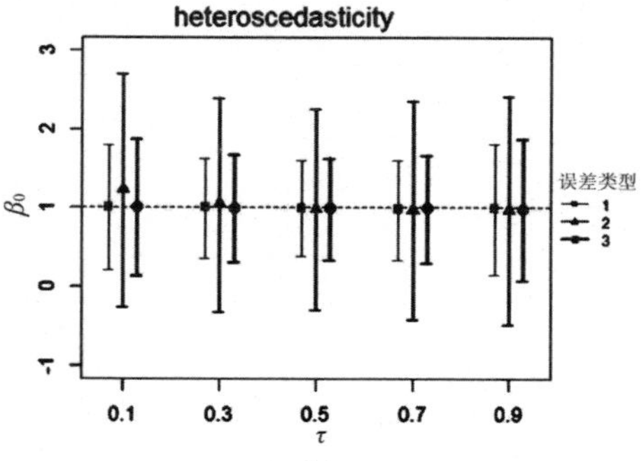

(b)

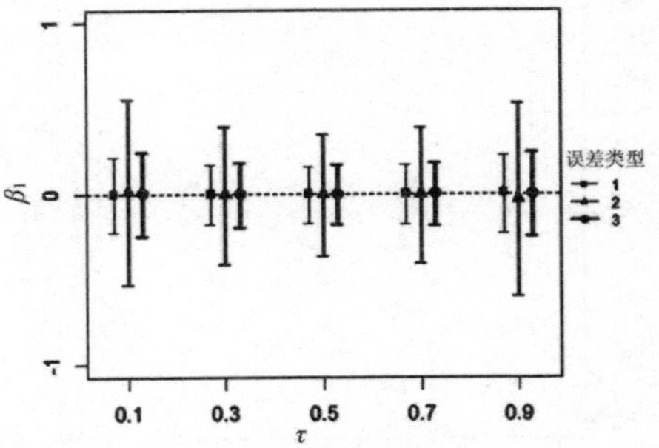

(c)

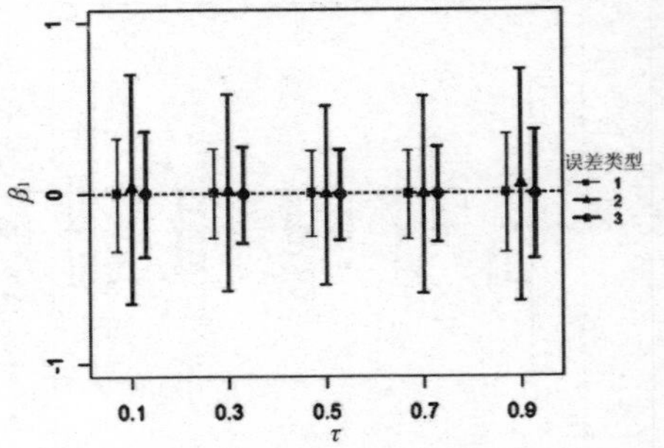

(d)

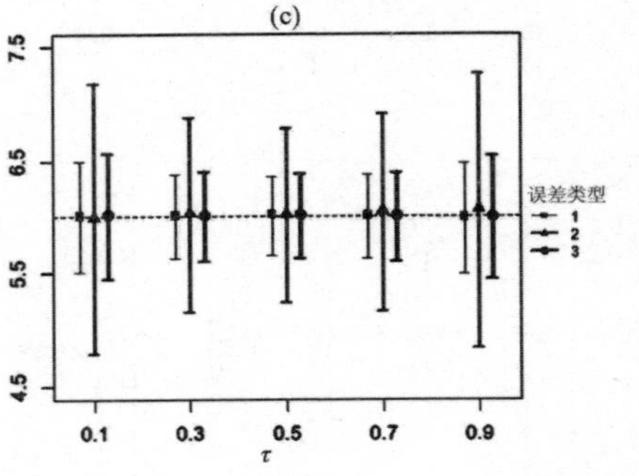

(e)

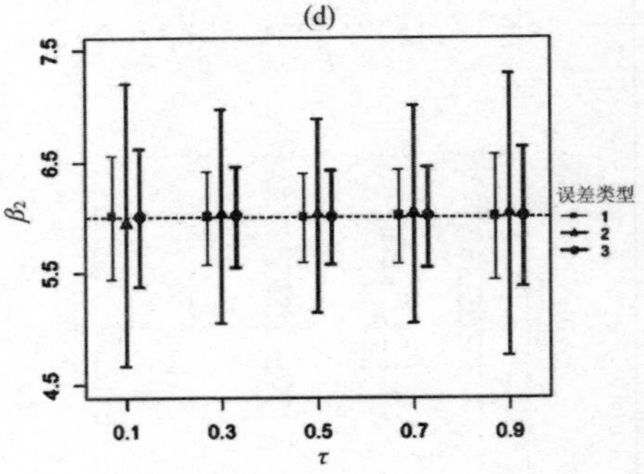

(f)

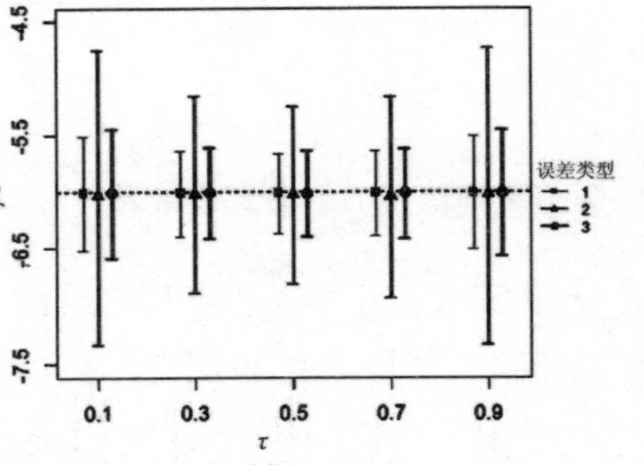

(g)

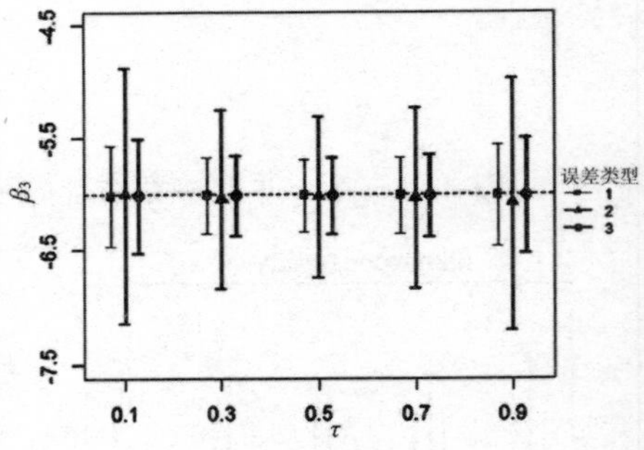

(h)

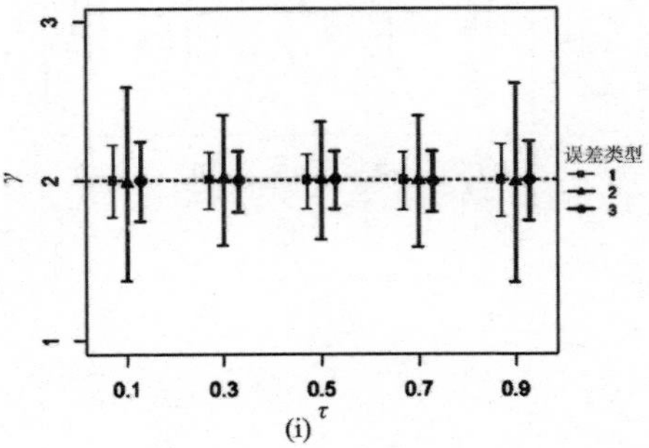

(i)

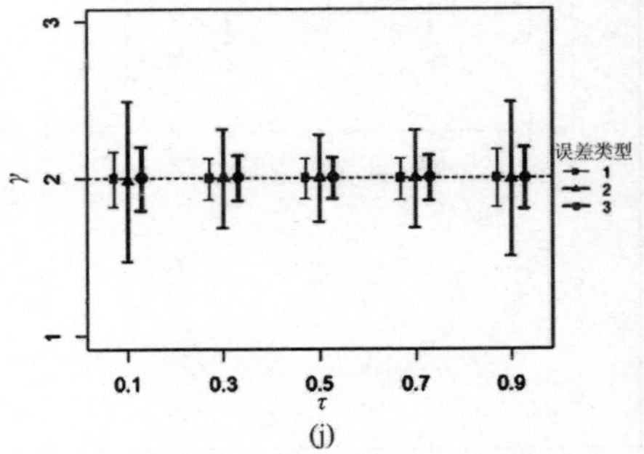

(j)

图 4.2　$m=2$ 时参数 $(\beta_0, \beta_1, \beta_2, \beta_3, \gamma)$ 的估计和 95% 置信区间的模拟结果

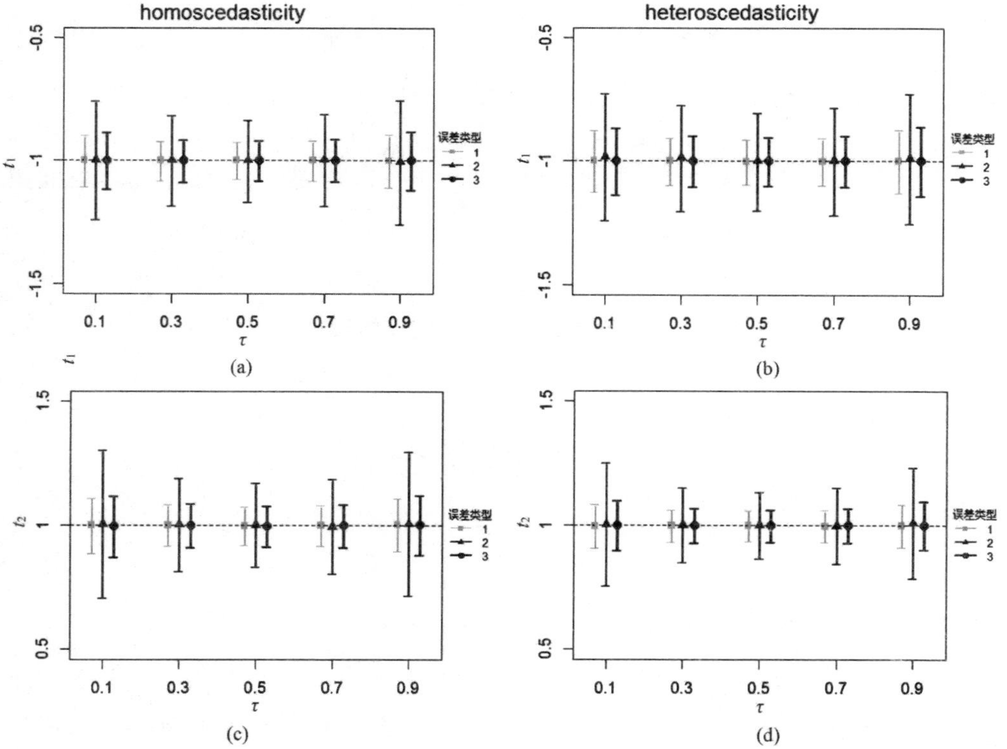

图 4.3　$m=2$ 时参数 (t_1, t_2) 的估计和 95% 置信区间的模拟结果

下面通过模拟分析本章估计方法对带宽 $X_1, X_2, \cdots, X_n$ 的选择是否敏感。对此，我们分析不同的带宽 $h_n = n^{-\alpha}$ 下所有参数总的均方误差(TMSE)变化，这里 α 的变化是 $\alpha = 0.2, 0.4, \cdots, 3$。为了节省空间，只罗列了同方差下第一种误差项的五个不同分位数 $\tau = 0.1, 0.3, 0.5, 0.7, 0.9$ 的模拟结果。图 4.4 给出了 TMSE 与 α 的关系。当 $m=1$ 时，随着 α 变化，参数的 TMSE 基本保持不变，而且基本趋于 0。当 $m=2$ 时，对于比较小的 α，参数的 TMSE 比较大，但是随着 α 增加，TMSE 趋于 0 并保持稳定。这些结果表明本章所提出的估计量对带宽 h_n 的选择是不敏感的。

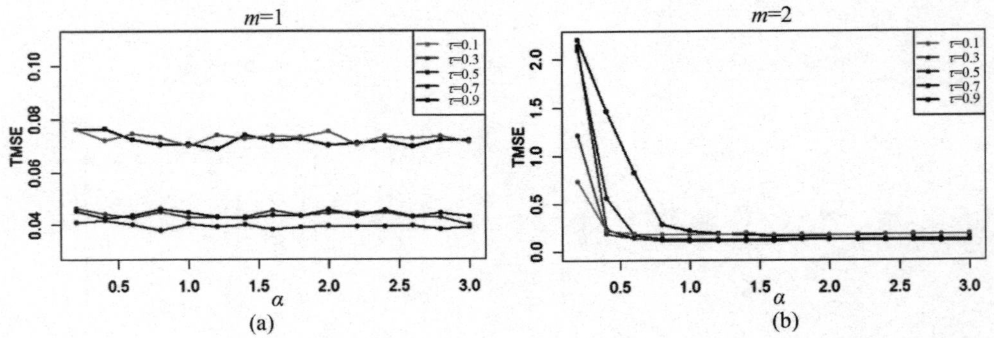

图 4.4　总均方误差 TMSE 与 α 的模拟结果

4.3　实证分析

4.3.1　MRS 数据

为了证明本章所提的估计量,我们首先分析了 Garland(1983)[89] 从多个来源收集的最大奔跑速度(MRS)数据。这组数据包含了 107 头成年哺乳动物的体重(kg)和最大奔跑速度(km/h),数据可以从 R 包 quantreg 下载。众所周知,体重和最大奔跑速度之间的关系不是单调的,Huxley(1932)[90] 提出了异速生长的方程来描述这两者之间的关系:

$$\mathrm{MRS} = \exp(\mu) \times \mathrm{mass}^{\kappa},$$

其中参数 μ 和 κ 在体重定义域内可能会不一样。已有学者研究表明在 log(MRS) 与 log(mass) 的线性关系中可能存在一个变点,可参见 Chappell(1989)[87]、Li 等(2011)[79]、Yan 等(2017)[81]、Zhang 与 Li(2017)[107] 等的文献。

log(MRS) 和 log(mass) 之间的散点图 4.5 给出了两者之间折线线性的关系。因此我们使用多变点的逐段连续线性分位数回归模型拟合这组数据:

$$Q_{\tau}(y_i \mid x_i, \boldsymbol{z}_i) = \beta_0 + \beta_1 x + \sum_{k=1}^{m} \beta_{k+1}(x - t_k)_+ + \boldsymbol{z\gamma}, i = 1, 2, \cdots, 107,$$

其中 y_i 是 log(MRS),x_i 是 log(mass),$\boldsymbol{z}_i$ 代表第 i 只动物是否是跳跃型的。正如 Li 等(2011)[79] 文中所说,对于一个给定体重的动物,进化生物学家最感兴趣的是其最大奔跑速度是多少。因此,我们只关注中位数和高分位数 $\tau = 0.5, 0.7, 0.8$。

首先采用修正的 WBS 算法检测模型中变点数量。在三种不同分位数 $\tau=0.5$，0.7，0.8 下，检测结果均显示只有一个变点，即 $m=1$。

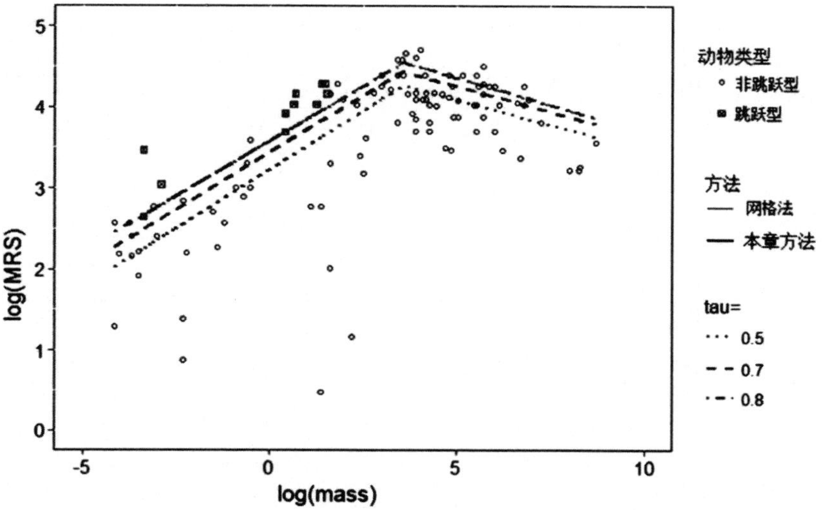

图 4.5　MRS 数据分析图

通过交叉验证，分位数 $\tau=0.5,0.7,0.8$ 对应的最佳带宽 h_{opt} 分别为 0.154，0.393，0.097。为了比较，我们同时考虑 Li 等（2011）[79] 文中的网格搜索法(grid)。表 4.2 给出了参数的估计值、估计的标准误差(SE)和 95% 的置信区间(95% CI)。结果表明，这两种估计方法对回归系数和变化点都有相似的估计。因此，我们可以得到和 Li 等(2011)[79] 文章相同的结论。

表 4.2　基于本章估计方法和网格搜索法的 MRS 数据分析结果

τ			β_0	β_1	β_2	γ	t
0.5	grid	estimate	3.224	0.290	−0.411	0.615	3.552
		SE	0.105	0.033	0.059	0.137	0.499
		95% CI	[3.018,3.431]	[0.225,0.355]	[−0.527,−0.295]	[0.346,0.884]	[2.574,4.531]
	proposed	estimate	3.226	0.290	−0.413	0.609	3.548
		SE	0.107	0.027	0.070	0.118	0.463
		95% CI	[3.016,3.436]	[0.237.0.344]	[−0.549,−0.276]	[0.378,0.840]	[2.641,4.454]

续表

τ			β_0	β_1	β_2	γ	t
0.7	grid	estimate	3.428	0.279	−0.401	0.435	3.552
		SE	0.083	0.024	0.085	0.107	0.483
		95% CI	[3.265,3.591]	[0.232,0.327]	[−0.567,−0.234]	[0.226,0.644]	[2.606,4.499]
	proposed	estimate	3.439	0.282	−0.407	0.420	3.526
		SE	0.081	0.026	0.046	0.096	0.410
		95% CI	[3.280,3.598]	[0.230,0.334]	[−0.498,−0.316]	[0.232,0.608]	[2.723,4.329]
0.8	grid	estimate	3.580	0.272	−0.407	0.320	3.552
		SE	0.070	0.021	0.079	0.095	0.450
		95% CI	[3.443,3.716]	[0.231,0.313]	[−0.561,−0.253]	[0.134,0.506]	[2.671,4.434]
	proposed	estimate	3.576	0.272	−0.405	0.329	3.567
		SE	0.069	0.027	0.039	0.265	0.352
		95% CI	[3.440,3.712]	[0.219,0.324]	[−0.481,−0.328]	[−0.191,0.849]	[2.878,4.258]

注：estimate 为估计值，SE 为标准差，95%CI 为 95%的置信区间。

4.3.2 全球气温数据

最新的证据表明，地球在过去的 50 年里一直在变暖，且这一趋势没有改变。来自许多国家的科学家为研究全球气候变化做出了贡献。其中全球地表温度异常（或变化）是研究全球气候变化重要的方面之一。这里，温度异常指的是实际温度和预期的长期平均温度之间的差值。负的温度异常意味着温度比正常温度要低，相反，正的温度异常表明温度比正常温度要高。

本节我们主要关注从 1910 年 1 月到 2016 年 12 月的 1284 个全球地表气温异常月度数据。这个数据集可以从美国国家航空航天管理局戈达德太空研究所获得（www.giss.nasa.gov）。设 $\{y_i\}_{i=1}^n$ 为连续时间 $\{x_i\}_{i=1}^n$ 的全球温度异常，其中 $x_1 < x_2 < \cdots < x_n$，$n = 1284$ 是样本容量。如图 4.6 所示，温度异常在 1940 年以前似乎增长缓慢，然后在 1940 年和 1970 年之间几乎保持稳定，然而在 1970 年之后又迅速增长。最早 Hansen 与 Lebedeff(1987)[100] 也指出这种现象。为了区分温度异常这三个不同的阶段，Tome 与 Miranda(2004)[108] 基于逐段连续线性回归模型，通过最小化残差平方和，提出了一种方法用以同时确定变点的个数和位置。Cahill 等(2015)[109] 用一个分段线性回归模型来分析从 1850 年到 2010 年的温度变化数据。他们发现在这期间有三个变点，分别是 1912 年、1940 年和 1970 年。

利用分位数回归模型来分析全球温度异常数据也得到了广泛的关注。Koenker 与 Schorfheide(1994)[110]基于条件分位数模型，使用了平滑样条分析了全球温度异常数据。虽然非参数回归模型可以捕捉到全球温度异常数据的非线性趋势，但它不能提供关于变化点的信息。这激励我们使用多变点的逐段连续线性分位数回归模型来分析温度异常数据：

首先，我们采用修正的 WBS 算法检测给定分位数下的变点个数。检测结果表明在分位数水平 $\tau=0.1,0.2,0.3,0.4,0.5,0.6,0.7,0.8$ 和 0.9 下均有两个变点。因此，我们采用以下模型来拟合全球温度异常数据，

$$Q_\tau(y \mid x)=\beta_0+\beta_1 x+\beta_2(x-t_1)_+ +\beta_3(x-t_2)_+.$$

采用交叉验证方法，9 个不同分位数下相应的最优带宽分别为 0.001，0.002，0.489，0.001，0.001，0.002，0.489，0.028 和 0.489。表 4.3 总结了参数的估计，以及它们的标准误差(SE)和 95％置信区间(95％ CI)。在不同的分位数水平上，估计的变点位置几乎是相同的：第一个变点约在 1941 年，第二个变点约在 1968 年。此外，在 1941 年之前和 1968 年之后，温度异常随着时间呈上升趋势，呈正斜率，而在 1941 年到 1968 年之间，斜率接近 0，也就是温度异常随着时间基本不发生变化。图 4.6 给出了不同分位数水平下完整的拟合图，清楚显示了全球温度异常数据的趋势和变点的位置。综上所述，具有两个变化点的逐段连续线性分位数回归模型不仅可以提供更全面的温度异常趋势信息，还可以描述不同分位数的变点的位置。

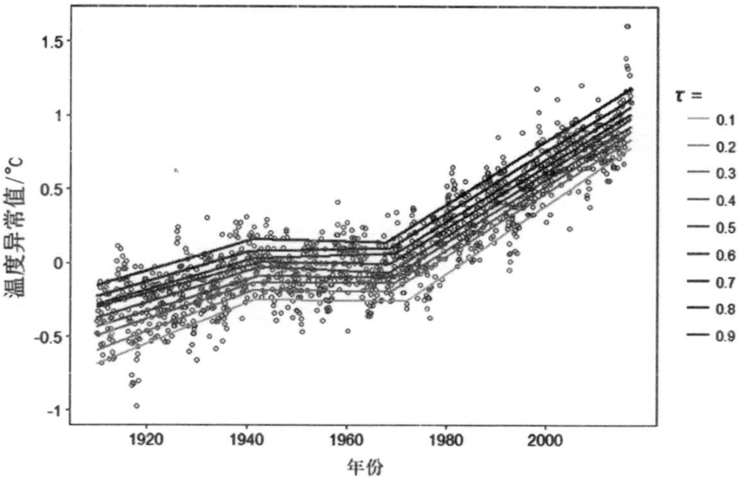

图 4.6　全球温度变化数据分析图

表 4.3　全球温度变化数据分析结果

τ		β_0	β_1	β_2	β_3	t_1	t_2
0.1	estimate	−0.689	0.116	−0.117	0.194	1941.05	1972.01
	SE	0.022	0.013	0.019	0.016	0.433	0.161
	95% CI	[−0.732, −0.646]	[0.090, 0.142]	[−0.155, −0.080]	[0.163, 0.225]	[1934.04, 1948.06]	[1969.06, 1974.09]
0.2	estimate	−0.598	0.109	−0.110	0.180	1941.03	1969.01
	SE	0.027	0.013	0.016	0.012	0.335	0.169
	95% CI	[−0.651, −0.545]	[0.084, 0.134]	[−0.142, −0.078]	[0.157, 0.204]	[1935.10, 1946.09]	[1966.04, 1971.10]
0.3	estimate	−0.498	0.096	−0.096	0.180	1941.02	1969.08
	SE	0.030	0.014	0.019	0.015	0.477	0.191
	95% CI	[−0.556, −0.440]	[0.069, 0.123]	[−0.132, −0.059]	[0.151, 0.210]	[1933.05, 1948.12]	[1966.07, 1972.10]
0.4	estimate	−0.436	0.089	−0.092	0.182	1942.05	1968.12
	SE	0.030	0.013	0.017	0.013	0.415	0.145
	95% CI	[−0.494, −0.378]	[0.063, 0.114]	[−0.126, −0.058]	[0.156, 0.207]	[1935.08, 1949.02]	[1966.08, 1971.05]
0.5	estimate	−0.377	0.088	−0.101	0.192	1942.08	1968.07
	SE	0.032	0.013	0.019	0.016	0.358	0.177
	95% CI	[−0.440, −0.314]	[0.063, 0.114]	[−0.139, −0.063]	[0.162, 0.223]	[1936.10, 1948.06]	[1965.08, 1971.06]
0.6	estimate	−0.302	0.077	−0.081	0.179	1942.09	1968.08
	SE	0.021	0.009	0.016	0.014	0.324	0.193
	95% CI	[−0.344, −0.260]	[0.061, 0.094]	[−0.112, −0.050]	[0.150, 0.207]	[1937.05, 1947.12]	[1965.06, 1971.10]

续表

τ		β_0	β_1	β_2	β_3	t_1	t_2
0.7	estimate	−0.285	0.083	−0.074	0.167	1941.06	1969.10
	SE	0.017	0.009	0.017	0.017	0.500	0.254
	95% CI	[−0.318, −0.253]	[0.066, 0.100]	[−0.107, −0.040]	[0.135, 0.199]	[1933.04, 1949.08]	[1965.08, 1973.12]
0.8	estimate	−0.230	0.083	−0.077	0.170	1940.06	1968.09
	SE	0.025	0.012	0.016	0.012	0.433	0.161
	95% CI	[−0.279, −0.182]	[0.060, 0.107]	[−0.109, −0.046]	[0.146, 0.193]	[1933.06, 1947.07]	[1966.02, 1971.05]
0.9	estimate	−0.156	0.083	−0.090	0.186	1941.05	1967.12
	SE	0.031	0.017	0.025	0.021	0.702	0.237
	95% CI	[−0.217, −0.094]	[0.049, 0.117]	[−0.139, −0.042]	[0.146, 0.227]	[1929.12, 1952.11]	[1964.01, 1971.10]

4.4　本章小结

在逐段连续线性分位数回归模型中，现有的大部分工作都集中在单个变点的研究上。但是，在实际应用中，多个变点的假设是合理的。所以本章提出了一个具有多个变点的逐段连续线性分位数回归模型。通过一种基于双缆平滑的技术，在已知变点个数的情况下，本章提出了一种可以同时估计回归系数和变点的有效方法。此外，为了检测逐段连续线性分位数回归模型中变点的个数，本章还提出了一种具有较低计算复杂度的修正的 WBS 算法。蒙特卡罗仿真结果表明，所提出的估计方法具有良好的有限样本性能，而且在有限样本中 WBS 检测方法的效果也不错。

在后续的研究中，我们可以将本章所提出的估计方法扩展到一些相关的主题，也可以扩展到结合多个分位数水平的信息来估计参数。还有一个有趣的研究是将所提出的方法扩展到时间序列数据、删失的数据等等。

4.5 本章附录

4.5.1 证明

本节主要证明本章所提估计量的渐近性质，只给出了单个变点情况下的证明，即模型(4.2)，对于多个变点的证明是类似的。我们首先给出一些参数：

$\mathrm{PM}(\theta)=\mathrm{E}M(\boldsymbol{\theta};y,x,\boldsymbol{z})$；

$\mathbb{P}_nM(\theta)=\mathbb{P}_nM(\boldsymbol{\theta};y,x,\boldsymbol{z})$；

$\mathrm{PM}_n(\theta)=\mathrm{E}M_n(\boldsymbol{\theta};y,x,\boldsymbol{z})$；

$\mathbb{P}_nM_n(\theta)=\mathbb{P}_nM_n(\boldsymbol{\theta};y,x,\boldsymbol{z})$.

设 $\boldsymbol{\theta}_0$ 是真实的参数，$\bar{\boldsymbol{\theta}}_n$ 使得损失函数 $\mathbb{P}_nM_n(\boldsymbol{\theta})$ 最小。为了建立本章所提估计量的渐近性质，我们需要证明在正则性假设下，以下结论是成立的。

引理 4.1 当 $n\rightarrow\infty$ 时，$\sup\limits_{\boldsymbol{\theta}\in\boldsymbol{\Theta}}|\mathbb{P}_nM_n(\boldsymbol{\theta})-\mathrm{PM}(\boldsymbol{\theta})|\xrightarrow{P}0$ 总成立。

证明引理 4.1：根据光滑函数 $S_n(t_k,x)$ 的定义，很容易有

$$(x-t_k)_+=S_n(t_k,x)+o(h_n).$$

注意到

$$\begin{aligned}\sup_{\boldsymbol{\theta}\in\boldsymbol{\Theta}}|\mathbb{P}_nM_n(\boldsymbol{\theta})-\mathrm{PM}(\boldsymbol{\theta})|&=\sup_{\boldsymbol{\theta}\in\boldsymbol{\Theta}}\left|\begin{matrix}\mathbb{P}_nM_n(\boldsymbol{\theta})-\\ \mathrm{PM}(\boldsymbol{\theta})+\mathbb{P}_nM(\boldsymbol{\theta})-\mathbb{P}_nM(\boldsymbol{\theta})\end{matrix}\right|\\&\leqslant\sup_{\boldsymbol{\theta}\in\boldsymbol{\Theta}}|\mathbb{P}_nM_n(\boldsymbol{\theta})-\mathbb{P}_nM(\boldsymbol{\theta})|+\sup_{\boldsymbol{\theta}\in\boldsymbol{\Theta}}|\mathbb{P}_nM(\boldsymbol{\theta})-\mathrm{PM}(\boldsymbol{\theta})|.\end{aligned}\tag{4.6}$$

对于(4.6)的第一项，有

$$\begin{aligned}&\mathbb{P}_nM_n(\theta)-\mathbb{P}_nM(\theta)\\&=\frac{1}{n}\sum_{i=1}^{n}\{\rho_\tau(y_i-g(\boldsymbol{\theta},\boldsymbol{w}_i))-\rho_\tau(y_i-v(\boldsymbol{\theta},\boldsymbol{w}_i))\}\\&=\frac{1}{n}\sum_{i=1}^{n}[\{y_i-g(\boldsymbol{\theta},\boldsymbol{w}_i)\}\cdot\{\tau-I(y_i<g(\boldsymbol{\theta},\boldsymbol{w}_i))\}-\{y_i-v(\boldsymbol{\theta},\boldsymbol{w}_i)\}\cdot\\&\quad\{\tau-I(y_i<v(\boldsymbol{\theta},\boldsymbol{w}_i))\}]\\&=\frac{1}{n}\sum_{i=1}^{n}[\beta_2\{\tau-I(y_i<g(\boldsymbol{\theta},\boldsymbol{w}_i))\}\cdot o_i(h_n)+(y_i-v(\boldsymbol{\theta},\boldsymbol{w}_i))\cdot\end{aligned}$$

$$\{I(y_i < v(\boldsymbol{\theta},\boldsymbol{w}_i)) - I(y_i < v(\boldsymbol{\theta},\boldsymbol{w}_i) - \beta_2 \cdot o_i(h_n))\}]$$

$$= \frac{1}{n}\sum_{i=1}^{n}[\beta_2\{\tau - I(y_i < g(\boldsymbol{\theta},\boldsymbol{w}_i))\} \cdot o_i(h_n) + (y_i - v(\boldsymbol{\theta},\boldsymbol{w}_i)) \cdot$$

$I(|y_i - v(\boldsymbol{\theta},\boldsymbol{w}_i)| < |\beta_2 \cdot o_i(h_n)|)]$，因此，可得到

$$\sup_{\boldsymbol{\theta}\in\boldsymbol{\Theta}} \mathbb{P}_n M_n(\theta) - P_n M(\theta) \leqslant \left|\beta_2 \frac{1}{n}\sum_{i=1}^{n} o_i(h_n)\right| + \left|\frac{1}{n}\sum_{i=1}^{n}\{y_i - v(\boldsymbol{\theta},\boldsymbol{w}_i)\}\right|.$$

显然，当 $n \to \infty$ 时，上式是收敛到 0 的。因此，式 $\sup_{\boldsymbol{\theta}\in\boldsymbol{\Theta}} \| \mathbb{P}_n M_n(\theta) - P_n M(\theta) \| \xrightarrow{P} 0$ 总是成立的。

下面，用 Newey 与 McFadden(1994)[111] 文中的引理 2.9 证明式 $\sup_{\boldsymbol{\theta}\in\boldsymbol{\Theta}} \| \mathbb{P}_n M(\boldsymbol{\theta}) - \mathrm{P}M(\boldsymbol{\theta}) \| \xrightarrow{P} 0$ 成立。回想一下，$\mathrm{P}M(\boldsymbol{\theta}) = E\rho_\tau(y - \boldsymbol{\eta}^{\mathrm{T}}\boldsymbol{U}(t))$，其中 $\boldsymbol{\eta} = (\beta_0,\beta_1,\beta_2,\boldsymbol{\gamma}^{\mathrm{T}})^{\mathrm{T}}$，$\boldsymbol{\theta} = (\boldsymbol{\eta}^{\mathrm{T}},t)^{\mathrm{T}}$，$\boldsymbol{U}(t) = (1,x,(x-t)_+,\boldsymbol{z}^{\mathrm{T}})^{\mathrm{T}}$。可得到偏导数

$$\frac{\partial M(\boldsymbol{\theta})}{\partial \boldsymbol{\eta}} = -E[\boldsymbol{U}(t) \cdot \psi_\tau(y - \boldsymbol{\eta}^{\mathrm{T}}\boldsymbol{U}(t))],$$

$$\frac{\partial M(\boldsymbol{\theta})}{\partial t} = E[\beta_2 \cdot I(x > t) \cdot \psi_\tau(y - \boldsymbol{\eta}^{\mathrm{T}}\boldsymbol{U}(t))],$$

其中 $\psi_\tau(u)$ 是 $\rho_\tau(u)$ 的一阶导函数，且对于任意 $\tau \in (0,1)$，总满足 $|\psi_\tau(y - \boldsymbol{\eta}^{\mathrm{T}}\boldsymbol{U}(t))| < 1$。根据中值定理，存在 $\boldsymbol{\theta}^*$ 和 t^*，使得

$$\mathbb{P}_n M(\boldsymbol{\theta}_1) - \mathbb{P}_n M(\boldsymbol{\theta}_2) =$$

$$\frac{1}{n}\sum_{i=1}^{n}\begin{bmatrix} -\boldsymbol{U}_i(t^*) \cdot \psi_\tau(y_1 - \boldsymbol{\eta}^{*\mathrm{T}}\boldsymbol{U}_i(t^*)) \\ \beta_2^* \cdot I(x_i > t^*) \cdot \psi_\tau(y_i - \boldsymbol{\eta}^{*\mathrm{T}}\boldsymbol{U}_i(t^*)) \end{bmatrix}^{\mathrm{T}} (\boldsymbol{\theta}_1 - \boldsymbol{\theta}_2).$$

由假设(A1)和(A2)，下面式子成立：

$$E\left|\frac{1}{n}\sum_{i=1}^{n}\begin{bmatrix} -\boldsymbol{U}_i(t^*) \cdot \psi_\tau(y_1 - \boldsymbol{\eta}^{*\mathrm{T}}\boldsymbol{U}_i(t^*)) \\ \beta_2^* \cdot I(x_i > t^*) \cdot \psi_\tau(y_i - \boldsymbol{\eta}^{*\mathrm{T}}\boldsymbol{U}_i(t^*)) \end{bmatrix}\right|$$

$$\leqslant \begin{bmatrix} \sup_{\boldsymbol{\theta}\in\boldsymbol{\Theta}} \boldsymbol{U}(t) \\ \sup_{\boldsymbol{\theta}\in\boldsymbol{\Theta}} |\beta_2 \cdot I(x > t)| \end{bmatrix} \triangleq A_n < \infty.$$

然后，我们有 $|\mathbb{P}_n M(\boldsymbol{\theta}_1) - \mathbb{P}_n M(\boldsymbol{\theta}_2)| \leqslant A_n \|\boldsymbol{\theta}_1 - \boldsymbol{\theta}_2\|$。根据 Newey 与 McFadden(1994)[111] 文中的引理 2.9，有 $\sup_{\boldsymbol{\theta}\in\boldsymbol{\Theta}} \| \mathbb{P}_n M_n(\boldsymbol{\theta}) - \mathrm{P}M(\boldsymbol{\theta}) \| \xrightarrow{P} 0$。因此，完成了引理 4.1 的证明。

定理 4.1 的证明：定理 4.1 的证明分成两部分。

(1)证明估计量 $\bar{\boldsymbol{\theta}}_n$ 的相合性。类似于引理 4.1 的证明,可以证明 $\sup_{\boldsymbol{\theta}\in\Theta} || \mathbb{P}_n M_n(\boldsymbol{\theta}) - \mathrm{P}M_n(\boldsymbol{\theta}) || \xrightarrow{P} 0$ 。注意到 $\mathrm{P}M_n(\boldsymbol{\theta})$ 连续且有如下导函数:

$$\frac{\partial \mathrm{P}M_n(\boldsymbol{\theta})}{\partial \boldsymbol{\theta}} = E[\psi_\tau(y - g(\boldsymbol{\theta},\boldsymbol{w})) \cdot h(\boldsymbol{\theta},\boldsymbol{w})],$$

其中 $\psi_\tau(u)$ 是 $\rho_\tau(u)$ 的一阶导函数且满足 $|\psi_\tau(y-g(\boldsymbol{\theta},\boldsymbol{w}))|<1$ 。根据中值定理,存在 $\boldsymbol{\theta}^*$,使得

$$\mathbb{P}_n M_n(\boldsymbol{\theta}_1) - P_n M_n(\boldsymbol{\theta}_2) =$$

$$\frac{1}{n}\sum_{i=1}^{n}[\{\psi_\tau(y - g(\boldsymbol{\theta}^*, \boldsymbol{w}_i)) \cdot h(\boldsymbol{\theta}^*, \boldsymbol{w}_i)\}]^{\mathrm{T}}(\boldsymbol{\theta}_1 - \boldsymbol{\theta}_2).$$

由假设条件(A3),可以得到

$$E\left|\frac{1}{n}\sum_{i=1}^{n}[\{\psi_\tau(y - g(\boldsymbol{\theta}^*, \boldsymbol{w}_i)) \cdot h(\boldsymbol{\theta}^*, \boldsymbol{w}_i)\}]\right| \leqslant E[\sup_{\boldsymbol{\theta}\in\Theta}|h(\boldsymbol{\theta},\boldsymbol{w})|] \triangleq B_n < \infty.$$

由此,可断定

$$|\mathrm{P}M_n(\boldsymbol{\theta}_1) - \mathrm{P}M_n(\boldsymbol{\theta}_2)| \leqslant B_n || \boldsymbol{\theta}_1 - \boldsymbol{\theta}_2 ||.$$

由 Newey 与 McFadden(1994)[111]文中的引理 2.9,当 n 趋于无穷大时,可得到结论 $\sup_{\boldsymbol{\theta}\in\Theta} || \mathbb{P}_n M_n(\boldsymbol{\theta}) - \mathrm{P}M_n(\boldsymbol{\theta}) || \xrightarrow{P} 0$ 。根据假设条件(A1),$\mathrm{P}M_n(\boldsymbol{\theta})$ 在 $\boldsymbol{\theta}_0$ 处是最小的,且关于参数 $\boldsymbol{\theta}$ 是连续的。因此,由 Newey 与 McFadden(1994)[111]文中的定理 2.1,当 $n \to \infty$ 时,结论 $\bar{\boldsymbol{\theta}}_n \xrightarrow{P} \boldsymbol{\theta}_0$ 恒成立。

(2)为了建立估计量 $\bar{\boldsymbol{\theta}}_n$ 的渐近正态性理论,采用 Vander Vaart (1998)[112]文中的定理 5.23,要求损失函数是李普希茨连续,并满足二阶泰勒展开式且二阶导数矩阵是非奇异的。由中值定理和假设条件(A3),可以得到,对于任意的 $\boldsymbol{w}=(x, \boldsymbol{z}^{\mathrm{T}})^{\mathrm{T}}$,有 $|\mathrm{P}M_n(\boldsymbol{\theta}_1) - \mathrm{P}M_n(\boldsymbol{\theta}_2)| \leqslant K || \boldsymbol{\theta}_1 - \boldsymbol{\theta}_2 ||$ 和 $|| \mathrm{P}M'_n(\boldsymbol{\theta}) ||^2 < \infty$, 其中 $K = \sup_{\boldsymbol{\theta}\in\Theta} || \mathrm{P}M'_n(\theta) || = \sup_{\boldsymbol{\theta}\in\Theta} || \boldsymbol{h}(\boldsymbol{\theta},\boldsymbol{w}) ||$ 是一个有界的常数。

此外,损失函数 $\boldsymbol{\theta} \mapsto \mathrm{P}M_n(\boldsymbol{\theta})$ 关于参数是连续的,并在 $\boldsymbol{\theta}_0$ 处有非奇异的二阶导矩阵。的确,损失函数的一阶导函数是

$$\frac{\partial \mathrm{P}M_n(\boldsymbol{\theta})}{\partial \boldsymbol{\theta}} = E[\psi_\tau(y - g(\boldsymbol{\theta},\boldsymbol{w})) \cdot \boldsymbol{h}(\boldsymbol{\theta},\boldsymbol{w})],$$

则二阶导矩阵为

$$\begin{aligned}\boldsymbol{D}_\tau(\boldsymbol{\theta}) &= \frac{\partial}{\partial \boldsymbol{\theta}} E[\psi_\tau(y - g(\boldsymbol{\theta},\boldsymbol{w})) \cdot \boldsymbol{h}(\boldsymbol{\theta},\boldsymbol{w})] \\ &= - f_\tau(Q_\tau(y,\boldsymbol{\theta} \mid \boldsymbol{w})) \cdot \boldsymbol{h}(\boldsymbol{\theta},\boldsymbol{w})^{\mathrm{T}} \boldsymbol{h}(\boldsymbol{\theta},\boldsymbol{w}) +\end{aligned}$$

$$\{\tau - F_\tau(Q_\tau(y,\boldsymbol{\theta} \mid \boldsymbol{w}))\}\frac{\partial \boldsymbol{h}(\boldsymbol{\theta},\boldsymbol{w})}{\partial \boldsymbol{\theta}}$$
$$= - f_\tau(Q_\tau(y,\boldsymbol{\theta} \mid \boldsymbol{w})) \cdot \boldsymbol{h}(\boldsymbol{\theta},\boldsymbol{w})^{\mathrm{T}}\boldsymbol{h}(\boldsymbol{\theta},\boldsymbol{w}).$$

由假设条件(A4)，$\boldsymbol{D}_\tau(\boldsymbol{\theta})$ 矩阵中的函数 $f_\tau(Q_\tau(y,\boldsymbol{\theta} \mid \boldsymbol{w}))$ 是连续的，$\boldsymbol{D}_\tau(\boldsymbol{\theta})$ 是关于参数 $\boldsymbol{\theta}$ 的一个二次函数，那么 $\boldsymbol{D}_\tau(\boldsymbol{\theta})$ 关于参数 $\boldsymbol{\theta}$ 是连续的。

综上，$\bar{\boldsymbol{\theta}}_n$ 是 $\boldsymbol{\theta}$ 邻域内的一个相合估计。因此，根据 Vander Vaart (1998)[112] 文中的定理 5.23，有 $\sqrt{n}(\bar{\boldsymbol{\theta}}_n - \boldsymbol{\theta}_0)$ 是渐近服从均值为零、协方差矩阵为 $\boldsymbol{\Sigma} = \boldsymbol{D}_\tau^{-1}(\boldsymbol{\theta}_0)\boldsymbol{C}_\tau(\boldsymbol{\theta}_0)\boldsymbol{D}_\tau^{-\mathrm{T}}(\boldsymbol{\theta}_0)$ 的正态分布。

4.5.2　详细模拟结果

在这一节中，我们给出详细的数值模拟结果。表 4.4—4.9 报告了当变点数为 $m = 1$ 和 $m = 2$ 的 1000 次模拟的平均偏差(偏差)、标准误差(SD)、估计标准误差的平均值(ESE)和置信水平为 95%的覆盖率(CP)。表 4.4—4.6 中“grid”表示网格搜索法，“proposed”表示本章估计方法。

表 4.4　$m = 1$ 时误差项为 $\tilde{e} \sim N(0,0.5^2)$ 的模拟结果

τ		grid					proposed				
		β_0	β_1	β_2	$\boldsymbol{\gamma}$	t	β_0	β_1	β_2	$\boldsymbol{\gamma}$	t
同方差											
0.1	bias	0.006	0.000	−0.001	0.002	0.000	0.006	0.000	−0.001	0.002	0.000
	SD	0.187	0.075	0.105	0.126	0.088	0.187	0.075	0.104	0.126	0.087
	ESE	0.179	0.074	0.107	0.122	0.081	0.179	0.074	0.111	0.121	0.085
	CP	0.868	0.890	0.924	0.921	0.882	0.887	0.915	0.941	0.922	0.904
0.3	bias	−0.004	0.000	−0.003	0.004	0.002	−0.003	0.000	−0.002	0.004	0.002
	SD	0.142	0.058	0.082	0.092	0.066	0.141	0.058	0.082	0.092	0.065
	ESE	0.140	0.057	0.083	0.096	0.064	0.141	0.058	0.083	0.094	0.064
	CP	0.923	0.914	0.932	0.952	0.913	0.924	0.936	0.944	0.946	0.919

续表

τ		grid					proposed				
		β_0	β_1	β_2	γ	t	β_0	β_1	β_2	γ	t
同方差											
0.5	bias	0.003	0.001	−0.002	−0.001	0.000	0.003	0.001	−0.002	−0.001	0.001
	SD	0.137	0.056	0.077	0.089	0.062	0.136	0.056	0.077	0.089	0.061
	ESE	0.133	0.055	0.078	0.090	0.060	0.134	0.055	0.078	0.089	0.060
	CP	0.913	0.909	0.940	0.948	0.916	0.937	0.938	0.955	0.947	0.939
0.7	bias	−0.006	−0.002	0.000	−0.001	0.003	−0.006	−0.002	0.000	−0.001	0.003
	SD	0.149	0.059	0.080	0.096	0.068	0.149	0.059	0.080	0.096	0.067
	ESE	0.141	0.058	0.083	0.095	0.064	0.141	0.058	0.083	0.093	0.064
	CP	0.908	0.909	0.939	0.944	0.914	0.914	0.929	0.952	0.939	0.918
0.9	bias	−0.004	0.002	−0.003	−0.004	0.001	−0.004	0.002	−0.003	−0.004	0.001
	SD	0.185	0.074	0.107	0.120	0.086	0.185	0.074	0.107	0.120	0.086
	ESE	0.181	0.074	0.110	0.125	0.085	0.180	0.075	0.109	0.120	0.083
	CP	0.885	0.890	0.921	0.937	0.896	0.891	0.921	0.949	0.938	0.917
异方差											
0.1	bias	−0.004	−0.006	−0.001	0.002	0.008	−0.004	−0.006	−0.001	0.002	0.008
	SD	0.219	0.105	0.111	0.093	0.084	0.218	0.105	0.111	0.092	0.084
	ESE	0.203	0.098	0.109	0.092	0.080	0.205	0.104	0.118	0.100	0.084
	CP	0.881	0.887	0.907	0.952	0.898	0.897	0.916	0.942	0.933	0.914
0.3	bias	0.007	0.003	−0.006	0.000	0.001	0.007	0.004	−0.006	0.000	0.001
	SD	0.173	0.084	0.090	0.069	0.069	0.173	0.084	0.090	0.069	0.068
	ESE	0.163	0.080	0.088	0.075	0.064	0.162	0.081	0.090	0.071	0.064
	CP	0.903	0.894	0.916	0.964	0.905	0.911	0.935	0.941	0.933	0.917

续表

τ		grid					proposed				
		β_0	β_1	β_2	γ	t	β_0	β_1	β_2	γ	t
异方差											
0.5	bias	0.010	0.006	−0.007	0.001	−0.002	0.010	0.006	−0.007	0.001	−0.002
	SD	0.169	0.083	0.088	0.065	0.067	0.168	0.083	0.088	0.065	0.066
	ESE	0.155	0.076	0.084	0.072	0.061	0.154	0.077	0.084	0.066	0.060
	CP	0.895	0.884	0.905	0.967	0.913	0.905	0.929	0.933	0.945	0.923
0.7	bias	0.002	0.003	−0.002	0.000	0.000	0.002	0.003	−0.002	0.000	0.000
	SD	0.171	0.083	0.091	0.069	0.067	0.171	0.083	0.091	0.070	0.067
	ESE	0.160	0.079	0.088	0.075	0.063	0.160	0.081	0.088	0.070	0.063
	CP	0.895	0.903	0.917	0.964	0.906	0.907	0.934	0.930	0.935	0.923
0.9	bias	0.001	0.005	−0.003	0.004	0.000	0.002	0.005	−0.002	0.004	−0.001
	SD	0.220	0.108	0.117	0.096	0.088	0.220	0.108	0.117	0.096	0.088
	ESE	0.204	0.101	0.111	0.094	0.080	0.209	0.108	0.122	0.097	0.085
	CP	0.869	0.869	0.896	0.949	0.897	0.866	0.926	0.934	0.912	0.894

表 4.5　$m=1$ 时误差项为 $\tilde{e} \sim t_4$ 的模拟结果

τ		grid					proposed				
		β_0	β_1	β_2	γ	t	β_0	β_1	β_2	γ	t
同方差											
0.1	bias	0.078	0.024	−0.041	−0.009	−0.018	0.078	0.024	−0.041	−0.009	−0.018
	SD	0.588	0.237	0.312	0.358	0.295	0.587	0.237	0.312	0.358	0.295
	ESE	0.464	0.196	0.295	0.344	0.219	0.532	0.231	0.345	0.371	0.250
	CP	0.832	0.854	0.901	0.926	0.818	0.880	0.914	0.951	0.934	0.873
0.3	bias	0.010	0.003	−0.003	0.000	−0.005	0.010	0.003	−0.003	0.000	−0.005
	SD	0.339	0.139	0.191	0.213	0.158	0.339	0.139	0.191	0.213	0.158
	ESE	0.331	0.135	0.194	0.220	0.148	0.327	0.136	0.194	0.215	0.148
	CP	0.916	0.924	0.946	0.950	0.907	0.921	0.934	0.945	0.949	0.915

续表

τ		grid					proposed				
		β_0	β_1	β_2	$\boldsymbol{\gamma}$	t	β_0	β_1	β_2	$\boldsymbol{\gamma}$	t
同方差											
0.5	bias	0.011	0.002	−0.008	−0.003	−0.001	0.011	0.002	−0.008	−0.003	−0.001
	SD	0.294	0.123	0.164	0.193	0.140	0.294	0.122	0.164	0.193	0.140
	ESE	0.297	0.120	0.173	0.198	0.133	0.292	0.119	0.170	0.192	0.131
	CP	0.938	0.925	0.951	0.957	0.937	0.947	0.938	0.954	0.951	0.932
0.7	bias	0.030	0.009	−0.013	−0.004	−0.005	0.030	0.009	−0.013	−0.004	−0.005
	SD	0.349	0.139	0.183	0.219	0.164	0.349	0.139	0.183	0.219	0.164
	ESE	0.328	0.133	0.193	0.219	0.148	0.330	0.134	0.193	0.217	0.149
	CP	0.929	0.934	0.951	0.946	0.918	0.939	0.939	0.955	0.941	0.928
0.9	bias	0.076	0.020	−0.038	−0.023	0.000	0.076	0.020	−0.038	−0.023	0.000
	SD	0.585	0.232	0.325	0.364	0.275	0.585	0.232	0.325	0.364	0.275
	ESE	0.479	0.201	0.308	0.353	0.231	0.533	0.228	0.343	0.376	0.249
	CP	0.854	0.866	0.892	0.920	0.882	0.901	0.907	0.943	0.923	0.897
异方差											
0.1	bias	0.090	0.026	−0.044	−0.008	−0.008	0.090	0.026	−0.044	−0.008	−0.008
	SD	0.659	0.323	0.338	0.284	0.275	0.659	0.323	0.338	0.284	0.275
	ESE	0.505	0.257	0.286	0.253	0.204	0.584	0.317	0.357	0.297	0.239
	CP	0.827	0.840	0.871	0.944	0.832	0.870	0.923	0.941	0.936	0.875
0.3	bias	0.023	0.006	−0.006	0.001	−0.004	0.023	0.006	−0.006	0.001	−0.005
	SD	0.393	0.192	0.203	0.156	0.154	0.392	0.192	0.203	0.156	0.154
	ESE	0.373	0.185	0.203	0.176	0.146	0.373	0.190	0.207	0.162	0.147
	CP	0.918	0.910	0.923	0.977	0.920	0.920	0.948	0.947	0.950	0.921

续表

τ		grid					proposed				
		β_0	β_1	β_2	$\boldsymbol{\gamma}$	t	β_0	β_1	β_2	$\boldsymbol{\gamma}$	t
异方差											
0.5	bias	0.021	0.006	−0.006	0.003	−0.004	0.021	0.006	−0.006	0.003	−0.004
	SD	0.353	0.171	0.182	0.136	0.138	0.352	0.171	0.182	0.136	0.138
	ESE	0.343	0.166	0.185	0.164	0.135	0.337	0.167	0.182	0.143	0.131
	CP	0.922	0.917	0.944	0.981	0.936	0.925	0.926	0.941	0.943	0.931
0.7	bias	0.039	0.013	−0.010	−0.001	−0.007	0.039	0.013	−0.011	−0.001	−0.007
	SD	0.407	0.196	0.205	0.151	0.160	0.406	0.196	0.205	0.151	0.160
	ESE	0.374	0.182	0.202	0.175	0.146	0.377	0.189	0.206	0.162	0.147
	CP	0.915	0.902	0.922	0.982	0.915	0.917	0.934	0.930	0.966	0.926
0.9	bias	0.086	0.033	−0.025	−0.002	−0.012	0.086	0.033	−0.025	−0.002	−0.012
	SD	0.637	0.317	0.335	0.276	0.252	0.637	0.317	0.336	0.276	0.252
	ESE	0.513	0.260	0.293	0.259	0.210	0.575	0.314	0.351	0.294	0.235
	CP	0.865	0.845	0.890	0.964	0.889	0.890	0.937	0.951	0.946	0.911

表 4.6　$\bar{\boldsymbol{\theta}}_n$ 时误差项为 $\tilde{e} \sim 0.9N(0,0.5^2)+0.1t_4$ 的模拟结果

τ		grid					proposed				
		β_0	β_1	β_2	$\boldsymbol{\gamma}$	t	β_0	β_1	β_2	$\boldsymbol{\gamma}$	t
同方差											
0.1	bias	0.013	0.003	−0.001	0.000	−0.004	0.013	0.003	−0.001	0.000	−0.004
	SD	0.201	0.081	0.114	0.133	0.092	0.201	0.081	0.114	0.133	0.092
	ESE	0.194	0.081	0.116	0.132	0.089	0.195	0.082	0.120	0.131	0.092
	CP	0.891	0.909	0.928	0.932	0.907	0.882	0.914	0.944	0.919	0.915
0.3	bias	0.008	0.002	−0.002	−0.004	0.000	0.008	0.002	−0.002	−0.004	0.000
	SD	0.154	0.063	0.086	0.100	0.070	0.154	0.062	0.087	0.099	0.069
	ESE	0.150	0.062	0.088	0.102	0.067	0.149	0.062	0.089	0.099	0.068
	CP	0.914	0.922	0.949	0.939	0.918	0.927	0.929	0.953	0.943	0.929

续表

τ		grid					proposed				
		β_0	β_1	β_2	γ	t	β_0	β_1	β_2	γ	t
同方差											
0.5	bias	0.005	0.002	−0.003	0.001	−0.001	0.005	0.002	−0.003	0.001	−0.001
	SD	0.150	0.060	0.080	0.093	0.071	0.149	0.060	0.081	0.093	0.070
	ESE	0.143	0.059	0.084	0.097	0.065	0.144	0.059	0.084	0.095	0.064
	CP	0.929	0.928	0.946	0.952	0.916	0.936	0.948	0.949	0.948	0.921
0.7	bias	0.010	0.006	−0.007	0.006	−0.003	0.011	0.007	−0.007	0.006	−0.003
	SD	0.160	0.064	0.089	0.100	0.073	0.159	0.064	0.088	0.100	0.073
	ESE	0.151	0.061	0.089	0.102	0.069	0.151	0.062	0.088	0.099	0.068
	CP	0.916	0.913	0.937	0.952	0.917	0.911	0.922	0.940	0.943	0.920
0.9	bias	−0.002	0.000	−0.001	0.000	0.001	−0.002	0.000	−0.001	0.000	0.001
	SD	0.212	0.088	0.121	0.130	0.092	0.212	0.088	0.121	0.130	0.092
	ESE	0.193	0.080	0.118	0.133	0.090	0.195	0.082	0.121	0.132	0.092
	CP	0.885	0.888	0.916	0.942	0.913	0.888	0.908	0.934	0.933	0.923
异方差											
0.1	bias	0.009	0.000	−0.004	0.004	0.001	0.009	0.000	−0.004	0.003	0.001
	SD	0.229	0.112	0.122	0.098	0.089	0.229	0.112	0.122	0.098	0.089
	ESE	0.221	0.109	0.120	0.098	0.086	0.223	0.115	0.129	0.104	0.090
	CP	0.891	0.893	0.905	0.953	0.907	0.886	0.923	0.936	0.936	0.910
0.3	bias	−0.002	−0.004	0.002	0.003	0.002	−0.002	−0.004	0.002	0.003	0.002
	SD	0.178	0.087	0.093	0.074	0.070	0.178	0.087	0.093	0.074	0.070
	ESE	0.173	0.085	0.094	0.082	0.068	0.171	0.087	0.096	0.075	0.068
	CP	0.922	0.919	0.924	0.970	0.910	0.907	0.933	0.943	0.945	0.920
0.5	bias	0.001	−0.002	0.001	0.006	0.000	0.002	−0.001	0.002	0.006	−0.001
	SD	0.172	0.083	0.089	0.071	0.068	0.171	0.082	0.088	0.071	0.067
	ESE	0.165	0.080	0.089	0.078	0.065	0.162	0.081	0.089	0.069	0.063
	CP	0.916	0.912	0.929	0.971	0.918	0.918	0.936	0.937	0.931	0.927

续表

τ		grid					proposed				
		β_0	β_1	β_2	$\boldsymbol{\gamma}$	t	β_0	β_1	β_2	$\boldsymbol{\gamma}$	t
异方差											
0.7	bias	0.002	0.000	0.001	0.004	−0.001	0.002	0.000	0.001	0.004	−0.001
	SD	0.181	0.089	0.095	0.075	0.070	0.181	0.088	0.094	0.075	0.069
	ESE	0.175	0.085	0.094	0.082	0.069	0.174	0.087	0.096	0.075	0.069
	CP	0.919	0.904	0.928	0.961	0.935	0.925	0.942	0.946	0.925	0.937
0.9	bias	0.008	0.003	0.001	0.001	−0.004	0.008	0.003	0.001	0.001	−0.004
	SD	0.239	0.116	0.122	0.101	0.094	0.239	0.116	0.122	0.101	0.094
	ESE	0.220	0.107	0.118	0.098	0.086	0.227	0.116	0.131	0.105	0.092
	CP	0.886	0.885	0.904	0.946	0.902	0.884	0.924	0.938	0.910	0.923

表 4.7　$\bar{f}_\tau(Q_\tau(Y_i \mid \boldsymbol{w}_i)) = \dfrac{2\Delta_n}{\bar{Q}_{\tau+\Delta_n}(Y_i \mid \boldsymbol{w}_i) - \bar{Q}_{\tau-\Delta_n}(Y_i \mid \boldsymbol{w}_i)}$

时误差项为 $\tilde{e} \sim N(0, 0.5^2)$ 的模拟结果

τ		β_0	β_1	β_2	β_3	$\boldsymbol{\gamma}$	t_1	t_2
同方差								
0.1	bias	0.005	−0.001	0.009	−0.011	0.002	0.000	−0.001
	SD	0.247	0.093	0.207	0.218	0.124	0.047	0.048
	ESE	0.297	0.113	0.251	0.256	0.115	0.054	0.056
	CP	0.935	0.936	0.940	0.934	0.887	0.933	0.934
0.3	bias	−0.005	0.000	0.007	−0.012	0.003	0.000	0.001
	SD	0.214	0.081	0.169	0.174	0.094	0.037	0.040
	ESE	0.235	0.089	0.191	0.191	0.091	0.041	0.042
	CP	0.937	0.939	0.950	0.940	0.937	0.944	0.947

续表

τ		β_0	β_1	β_2	β_3	$\boldsymbol{\gamma}$	t_1	t_2
同方差								
0.5	bias	−0.001	−0.001	0.014	−0.011	−0.001	0.002	−0.002
	SD	0.208	0.080	0.168	0.162	0.087	0.036	0.038
	ESE	0.225	0.085	0.181	0.181	0.087	0.039	0.039
	CP	0.945	0.934	0.955	0.953	0.948	0.951	0.927
0.7	bias	0.000	0.000	0.008	−0.008	0.000	0.001	−0.001
	SD	0.209	0.077	0.172	0.176	0.094	0.038	0.041
	ESE	0.237	0.089	0.190	0.190	0.091	0.042	0.041
	CP	0.953	0.961	0.948	0.945	0.925	0.953	0.911
0.9	bias	−0.001	0.004	−0.006	−0.005	0.002	−0.000	0.003
	SD	0.257	0.098	0.203	0.201	0.122	0.045	0.051
	ESE	0.301	0.116	0.252	0.254	0.115	0.055	0.054
	CP	0.931	0.934	0.951	0.957	0.895	0.952	0.925
异方差								
0.1	bias	0.008	−0.002	0.013	−0.015	0.001	0.001	−0.002
	SD	0.296	0.127	0.206	0.177	0.089	0.050	0.038
	ESE	0.405	0.170	0.283	0.227	0.090	0.063	0.044
	CP	0.952	0.954	0.969	0.951	0.922	0.956	0.926
0.3	bias	0.003	0.002	0.006	−0.010	−0.001	0.001	−0.001
	SD	0.263	0.110	0.184	0.155	0.069	0.043	0.031
	ESE	0.323	0.133	0.215	0.173	0.068	0.049	0.033
	CP	0.961	0.962	0.966	0.939	0.923	0.954	0.936
0.5	bias	−0.005	0.001	0.004	−0.005	0.001	−0.001	−0.001
	SD	0.252	0.105	0.178	0.149	0.066	0.041	0.030
	ESE	0.310	0.128	0.206	0.164	0.066	0.047	0.031
	CP	0.964	0.968	0.957	0.946	0.939	0.962	0.943

续表

τ		β_0	β_1	β_2	β_3	γ	t_1	t_2
异方差								
0.7	bias	−0.022	−0.006	0.016	−0.008	0.000	−0.001	−0.002
	SD	0.247	0.103	0.178	0.149	0.068	0.040	0.032
	ESE	0.322	0.134	0.216	0.173	0.068	0.049	0.033
	CP	0.963	0.976	0.964	0.954	0.935	0.961	0.913
0.9	bias	−0.013	0.001	0.011	−0.007	0.002	0.001	−0.001
	SD	0.293	0.128	0.215	0.183	0.092	0.049	0.039
	ESE	0.423	0.178	0.290	0.231	0.093	0.066	0.044
	CP	0.972	0.966	0.960	0.935	0.902	0.965	0.915

表 4.8　$\Delta_n = 1.57n^{\frac{-1}{3}}\left[\frac{1.5\varphi^2\{\Phi^{-1}(\tau)\}}{2\{\Phi^{-1}(\tau)\}^2+1}\right]^{\frac{1}{3}}$ 时误差项为 $\tilde{e} \sim t_4$ 的模拟结果

τ		β_0	β_1	β_2	β_3	γ	t_1	t_2
同方差								
0.1	bias	0.090	0.012	−0.009	−0.031	−0.014	0.002	0.004
	SD	0.702	0.270	0.572	0.607	0.337	0.117	0.155
	ESE	0.686	0.278	0.614	0.660	0.309	0.123	0.151
	CP	0.925	0.919	0.923	0.925	0.900	0.915	0.910
0.3	bias	−0.025	−0.005	0.026	−0.021	0.008	0.001	0.003
	SD	0.522	0.190	0.408	0.412	0.212	0.091	0.092
	ESE	0.541	0.206	0.441	0.441	0.208	0.094	0.095
	CP	0.932	0.943	0.956	0.951	0.945	0.937	0.935
0.5	bias	−0.008	−0.004	0.019	−0.022	0.002	0.000	0.002
	SD	0.468	0.178	0.363	0.348	0.184	0.083	0.091
	ESE	0.487	0.182	0.395	0.397	0.188	0.086	0.086
	CP	0.946	0.937	0.962	0.954	0.949	0.939	0.926

续表

τ		β_0	β_1	β_2	β_3	γ	t_1	t_2
同方差								
0.7	bias	−0.008	−0.005	0.047	−0.042	−0.002	0.004	−0.005
	SD	0.524	0.194	0.411	0.399	0.217	0.086	0.099
	ESE	0.541	0.204	0.447	0.450	0.209	0.096	0.097
	CP	0.934	0.947	0.949	0.953	0.928	0.939	0.932
0.9	bias	−0.114	−0.032	0.061	−0.025	−0.012	−0.005	0.006
	SD	0.688	0.264	0.553	0.554	0.345	0.123	0.141
	ESE	0.706	0.289	0.620	0.665	0.317	0.129	0.148
	CP	0.896	0.930	0.954	0.963	0.899	0.916	0.910
异方差								
0.1	bias	0.228	0.031	−0.055	−0.002	−0.016	0.018	0.004
	SD	0.801	0.347	0.556	0.465	0.288	0.124	0.117
	ESE	0.757	0.345	0.650	0.577	0.259	0.131	0.126
	CP	0.897	0.904	0.939	0.943	0.893	0.904	0.920
0.3	bias	0.045	0.009	0.025	−0.038	0.003	0.013	0.001
	SD	0.614	0.262	0.424	0.348	0.157	0.101	0.075
	ESE	0.694	0.294	0.491	0.404	0.160	0.110	0.076
	CP	0.945	0.954	0.956	0.957	0.947	0.947	0.909
0.5	bias	−0.013	−0.007	0.024	−0.019	0.002	0.001	0.001
	SD	0.568	0.237	0.378	0.311	0.135	0.093	0.067
	ESE	0.649	0.269	0.445	0.363	0.140	0.101	0.068
	CP	0.950	0.953	0.962	0.956	0.945	0.946	0.934
0.7	bias	−0.026	−0.005	0.038	−0.030	−0.001	0.002	−0.002
	SD	0.631	0.267	0.420	0.326	0.149	0.096	0.073
	ESE	0.710	0.297	0.499	0.409	0.158	0.112	0.078
	CP	0.952	0.944	0.959	0.961	0.949	0.952	0.928
0.9	bias	−0.024	0.047	0.034	−0.077	−0.006	0.013	0.009
	SD	0.801	0.359	0.567	0.456	0.277	0.135	0.103
	ESE	0.743	0.347	0.647	0.567	0.250	0.135	0.114
	CP	0.897	0.931	0.951	0.970	0.916	0.887	0.906

表 4.9　CV(h) 时误差项为 $\tilde{e} \sim 0.9N(0,0.5^2)+0.1t_4$ 的模拟结果

τ		β_0	β_1	β_2	β_3	γ	t_1	t_2
同方差								
0.1	bias	0.014	0.003	0.013	−0.012	−0.001	0.002	−0.004
	SD	0.265	0.101	0.212	0.218	0.128	0.047	0.054
	ESE	0.325	0.126	0.285	0.290	0.127	0.060	0.063
	CP	0.931	0.943	0.967	0.959	0.907	0.955	0.929
0.3	bias	−0.005	−0.002	0.009	−0.010	−0.002	0.000	0.000
	SD	0.219	0.081	0.179	0.185	0.097	0.039	0.043
	ESE	0.253	0.095	0.205	0.205	0.097	0.044	0.045
	CP	0.953	0.953	0.951	0.947	0.929	0.959	0.934
0.5	bias	−0.001	0.001	0.015	−0.016	0.005	0.002	−0.003
	SD	0.217	0.081	0.173	0.179	0.094	0.040	0.041
	ESE	0.239	0.089	0.193	0.193	0.093	0.042	0.042
	CP	0.944	0.957	0.959	0.962	0.942	0.941	0.932
0.7	bias	0.006	0.003	0.007	−0.012	−0.004	0.002	0.000
	SD	0.225	0.084	0.180	0.182	0.100	0.041	0.044
	ESE	0.250	0.094	0.202	0.203	0.096	0.044	0.044
	CP	0.944	0.956	0.949	0.951	0.936	0.953	0.927
0.9	bias	−0.002	0.002	0.004	−0.011	0.000	0.002	0.002
	SD	0.273	0.104	0.227	0.227	0.124	0.048	0.057
	ESE	0.328	0.126	0.280	0.283	0.126	0.060	0.061
	CP	0.942	0.945	0.930	0.949	0.921	0.948	0.912

续表

τ		β_0	β_1	β_2	β_3	γ	t_1	t_2
异方差								
0.1	bias	0.011	−0.001	0.007	−0.012	0.003	0.001	0.000
	SD	0.310	0.134	0.223	0.188	0.097	0.052	0.041
	ESE	0.442	0.189	0.318	0.258	0.102	0.070	0.050
	CP	0.963	0.970	0.976	0.947	0.916	0.966	0.916
0.3	bias	−0.006	−0.005	0.014	−0.010	0.004	0.001	−0.001
	SD	0.281	0.117	0.195	0.167	0.074	0.046	0.034
	ESE	0.349	0.145	0.231	0.183	0.073	0.053	0.035
	CP	0.954	0.959	0.960	0.940	0.940	0.953	0.927
0.5	bias	−0.013	−0.006	0.011	−0.006	0.006	0.000	0.000
	SD	0.278	0.115	0.186	0.161	0.071	0.045	0.033
	ESE	0.331	0.135	0.217	0.173	0.068	0.050	0.033
	CP	0.950	0.957	0.963	0.943	0.928	0.954	0.930
0.7	bias	−0.010	−0.004	0.014	−0.010	0.004	0.001	0.000
	SD	0.284	0.117	0.188	0.163	0.074	0.047	0.034
	ESE	0.349	0.143	0.231	0.185	0.074	0.053	0.035
	CP	0.953	0.950	0.974	0.954	0.927	0.954	0.940
0.9	bias	−0.017	−0.004	0.015	−0.007	0.001	0.001	0.000
	SD	0.305	0.129	0.225	0.189	0.097	0.052	0.042
	ESE	0.458	0.192	0.323	0.261	0.100	0.073	0.049
	CP	0.959	0.971	0.966	0.956	0.931	0.961	0.919

第 5 章　折线 expectile 回归模型

前几章均考虑的是在线性分位数回归模型框架下的单个或多个变点的估计和检测问题。我们知道，分位数回归可以提供响应变量所有条件分位数的信息。类似于分位数回归模型，另一个有用的工具是 expectile 回归模型。expectile 回归模型最早由 Newey 与 Powell(1987)[83]提出，是一种通过尾部期望为响应变量提供完整信息的工具，对模型误差项也没有严格的假设。

变点问题具有普遍性，比如人均 GDP 与供电质量之间的关系，随着供电质量的提高，人均 GDP 刚开始是缓慢增长，但当供电质量达到某个值后，人均 GDP 迅速增长。由此 Zhang 与 Li(2017)[84]提出了单变点的逐段连续线性 expectile 回归模型，对模型提出了一个正式的检测统计量，用以检测给定 expectile 水平下是否存在单个变点，并用传统的网格搜索法来规避目标函数非平滑的问题，从而分别对模型中的回归系数和变点做了估计。正如之前所介绍，网格搜索法是分开估计变点模型中的回归系数和变点参数的。而且如果需要提高参数估计的精度就需要更精细的网格来搜索，这将导致更高的计算成本。除了这些之外，网格搜索法假设了变点的估计只能在离散的网格点上，这是十分不现实的。为了解决这一系列问题，我们将前面介绍的线性化技巧推广到单变点的逐段连续线性 expectile 回归模型，提出了一个全新的估计方法，能够同时对模型中的回归系数和变点参数进行估计。

本章的内容安排如下：第一节介绍了由 Zhang 与 Li(2017)[84]提出的单变点的逐段连续线性 expectile 回归模型，回顾了他们提出的网格搜索法，并提出了一种基于线性化技术的估计方法克服了网格搜索法的缺点。第二节和第三节对本章所提的估计方法的有限样本性能进行了仿真实验，并将本章模型和方法应用于人均 GDP 与电力质量数据的研究。第四节是对本章的一个总结。

5.1 主要方法

5.1.1 网格搜索法

假设 $\{(y_i, x_i, \boldsymbol{z}_i)\}_{i=1}^{n}$ 是来自总体$(y, x, \boldsymbol{z})$的一组独立同分布的样本。对于给定的 $\tau \in (0,1)$，Zhang 与 Li(2017)[84]提出单变点的逐段连续线性 expectile 回归模型 $v_\tau(y \mid x, z)$：

$$v_\tau(y \mid x, \boldsymbol{z}) = \beta_0 + \beta_1 x + \beta_2 (x - \xi)_+ + \boldsymbol{z}^{\mathrm{T}} \boldsymbol{\gamma}, \tag{5.1}$$

其中 y 是响应变量，x 是带有变点的标量协变量，$\boldsymbol{z}$ 是一个 q 维向量的协变量，$v_\tau(y \mid x, \boldsymbol{z})$ 为给定协变量 x 和 $\boldsymbol{z}$ 条件下，响应变量 y 的第 τ expectile，$a_+ = a \cdot I(a > 0)$，这里 $I(a > 0)$ 是一个示性函数。模型中，ξ 是未知的变点，$\boldsymbol{\eta} = (\beta_0, \beta_1, \beta_2, \boldsymbol{\gamma}^{\mathrm{T}}, \xi)^{\mathrm{T}}$ 是所有我们感兴趣的参数。值得注意的是，这个 expectile 回归模型 $v_\tau(y \mid x, \boldsymbol{z})$ 在变点 ξ 处关于阈值变量 x 是连续的，但是响应变量 y 和协变量 x 之间的关系并不是线性的，这是因为在变点 ξ 前后，两者之间的关系发生了改变。也就是说，当 $x \leqslant \xi$ 时，x 的斜率是 β_1，但是当 $x > \xi$ 时，x 的斜率变成 $\beta_1 + \beta_2$。我们通常假定 $\beta_2 \neq 0$，用于确定模型中存在变点。我们可以通过极小化下面的目标函数来估计给定 $\tau \in (0,1)$ 条件下模型中的所有参数 $\boldsymbol{\eta} = (\beta_0, \beta_1, \beta_2, \boldsymbol{\gamma}^{\mathrm{T}}, \xi)^{\mathrm{T}}$：

$$l_{n,\tau}(\boldsymbol{\eta}) = \sum_{i=1}^{m} m_\tau (y_i - \beta_0 - \beta_1 x_i - \beta_2 (x_i - \xi)_+ - \boldsymbol{z}_i^{\mathrm{T}} \boldsymbol{\gamma}), \tag{5.2}$$

其中 $m_\tau(u) = u \mid \tau - I(u < 0) \mid$ 是非对称最小二乘(ALS)损失函数(Newey 与 Powell,1987[83])。注意到损失函数(5.2)关于变点 $Q_\tau(\tilde{e})$ 是不可微的。为了克服这个计算上的困难，Zhang 与 Li(2017)[84]提出了分开估计回归参数和变点参数的网格搜索法。具体的网格搜索法算法如下：

(i)估计给定 expectile 水平 $\tau \in (0,1)$ 下的回归参数 $\boldsymbol{\vartheta} = (\beta_0, \beta_1, \beta_2, \boldsymbol{\gamma}^{\mathrm{T}})^{\mathrm{T}}$：

$$\bar{\boldsymbol{\vartheta}}(\xi) = \arg\min_{\boldsymbol{\vartheta}} \sum_{i=1}^{n} m_\tau (y_i - \boldsymbol{W}_i^{\mathrm{T}}(\xi) \cdot \boldsymbol{\vartheta}(\xi)),$$

其中 $\boldsymbol{W}_i = (1, x_i, (x_i - \xi)_+, \boldsymbol{z}_i^{\mathrm{T}})^{\mathrm{T}}$。

(ii)变点参数 ξ 可以通过以下方式获得估计：

$$\bar{\xi} = \arg\min_{\xi} \sum_{i=1}^{n} m_{\tau}(y_i - \boldsymbol{W}_i^{\mathrm{T}}(\xi) \cdot \bar{\boldsymbol{\vartheta}}(\xi)),$$

因此，可获得参数向量 $\boldsymbol{\eta}$ 的估计为 $\bar{\boldsymbol{\eta}} = (\bar{\boldsymbol{\vartheta}}(\xi)^{\mathrm{T}}, \bar{\xi})^{\mathrm{T}}$ 。

$\bar{\boldsymbol{\eta}}$ 的渐近正态性已由 Zhang 与 Li(2017)[84]在文中定理 2.2 给出。具体而言，在某些正规条件下，网格搜索法的估计量具有如下的渐近正态性：

$$\sqrt{n}(\bar{\boldsymbol{\eta}}_n - \boldsymbol{\eta}_0) \xrightarrow{d} N\left(0, \boldsymbol{H}^{-1}(\boldsymbol{\eta}_0) \sum(\boldsymbol{\eta}_0) \boldsymbol{H}^{-\mathrm{T}}(\boldsymbol{\eta}_0)\right),$$

其中 $\boldsymbol{\eta}_0$ 是真值，

$$\boldsymbol{H}(\boldsymbol{\eta}) = 2E\left[\omega_\tau \begin{pmatrix} \boldsymbol{W}(\xi)^{\mathrm{T}}\boldsymbol{W}(\xi) & -\beta_2 I(x>\xi)\boldsymbol{W}(\xi) + \{y - \boldsymbol{W}(\xi)^{\mathrm{T}} \cdot \boldsymbol{\vartheta}\}Q(\xi) \\ -\beta_2 I(x>\xi)\boldsymbol{W}(\xi) + \{y - \boldsymbol{W}(\xi)^{\mathrm{T}} \cdot \boldsymbol{\vartheta}\}Q(\xi) & \beta_2^2 I(x>\xi) \end{pmatrix}\right]$$
$$+ 2E\left[\omega_\tau \begin{pmatrix} 0_{(q+3)\times(q+3)} & 0_{(q+3)\times 1} \\ 0_{1\times(q+3)} & -\beta_2 E\{\omega_\tau(y - \boldsymbol{W}(\xi)) \mid_{x=\xi}\} f_x(\xi) \end{pmatrix}\right],$$

这里 $\omega_\tau = |\tau - I(y - \boldsymbol{\vartheta}^{\mathrm{T}}\boldsymbol{W}(\xi) \leqslant 0)|$ ，$Q(\xi) = [0, 0, I(x>\xi), 0_{q\times 1}]$ ，$f_x(\cdot)$ 是 x 的密度函数。

$\boldsymbol{\Sigma}(\boldsymbol{\eta}) = \boldsymbol{G}(\boldsymbol{\eta})^{\mathrm{T}}\boldsymbol{G}(\boldsymbol{\eta})$ ，其中：

$$\boldsymbol{G}(\boldsymbol{\eta}) = \begin{bmatrix} -2\omega_\tau \boldsymbol{W}(\xi)\{y - \boldsymbol{\vartheta}^{\mathrm{T}}\boldsymbol{W}(\xi)\} \\ 2\beta_2\omega_\tau\{y - \boldsymbol{\vartheta}^{\mathrm{T}}\boldsymbol{W}(\xi)\} I(x>\xi) \end{bmatrix}.$$

5.1.2　本章方法

本章的目标是对单变点的逐段连续线性 expectile 回归模型提出一种可以替代网格搜索法的新的估计方法，这种方法可以同时估计模型中的回归参数 $\boldsymbol{\vartheta}$ 和变点参数 ξ 。值得注意的是，目标函数(5.2)中的 $(x-\xi)_+$ 项关于变点 $a>0$ 是连续但不可微的。类似 Muggeo(2003)[13]处理具有未知变点的逐段连续线性模型和 Yan 等(2017)[81]处理折线线性分位数回归模型的方法，我们对 $(x-\xi)_+$ 采用一个线性化的技巧。具体而言，就是对 $\beta_2(x-\xi)_+$ 在 $\xi^{(0)}$ 处进行一阶泰勒展开 $\beta_2(x-\xi)_+ \approx \beta_2 U_i + \beta_3 V_i$ ，其中 $U_i = (x_i - \xi^{(0)})_+$ ，$V_i = -I(x_i > \xi^{(0)})$ ，$\beta_3 \approx \beta_2(\xi - \xi^{(0)})$。对于给定的 $\xi^{(0)}$ ，U_i 和 V_i 可以看作新的协变量，相应的回归系数分别为 β_2 和 β_3。把近似后的式子代入模型(5.1)中，近似后的模型可以看作是一个线性 expectile 回归模型：

$$v_\tau(y \mid x, \boldsymbol{z}, U, V) = \beta_0 + \beta_1 x + \beta_2 U + \beta_3 V + \boldsymbol{z}^{\mathrm{T}}\boldsymbol{\gamma},$$

因此，目标函数对应近似为

$$\tilde{l}_{n,\tau}(\boldsymbol{\theta}) = \sum_{i=1}^{n} m_\tau(y_i - \beta_0 - \beta_1 x_i - \beta_2 U_i - \beta_3 V_i - \boldsymbol{z}_i^{\mathrm{T}}\boldsymbol{\gamma}),$$

其中 $\boldsymbol{\theta}=(\beta_0,\beta_1,\beta_2,\beta_3,\boldsymbol{\gamma}^{\mathrm{T}})^{\mathrm{T}}$ 。注意到，$\tilde{l}_{n,\tau}(\boldsymbol{\theta})$ 实际上是一个标准的线性 expectile 回归模型的目标函数。因此，通过现有的理论和软件，我们很容易得到模型中的参数估计 $\bar{\boldsymbol{\theta}}=(\bar{\beta}_0,\bar{\beta}_1,\bar{\beta}_2,\bar{\beta}_3,\bar{\boldsymbol{\gamma}}^{\mathrm{T}})^{\mathrm{T}}$ 。此外，由 $\beta_3\approx\beta_2(\xi-\xi^{(0)})$ ，那么变点 ξ 可以通过 $\bar{\xi}=\xi^{(0)}+\dfrac{\bar{\beta}_3}{\bar{\beta}_2}$ 来更新。将上述过程迭代，直到所有参数都收敛为止。下面，我们对本章所提的估计方法进行总结如下。

步骤 1. 设置初值 $\xi^{(0)}$ 。

步骤 2. 对于第 k 步，通过拟合下面标准的线性 expectile 回归模型，来更新回归参数 $\bar{\boldsymbol{\theta}}^{(k)}$ ：

$$v_\tau(y\mid x,\boldsymbol{z},U,V)=\beta_0+\beta_1x+\beta_2U^{(k-1)}+\beta_3V^{(k-1)}+\boldsymbol{z}^{\mathrm{T}}\boldsymbol{\gamma},$$

其中 $U^{(k+1)}=(x-\bar{\xi}^{(k-1)})_+$ ，$V=-I(x>\xi^{(k-1)})$ 。即

$$\bar{\boldsymbol{\theta}}^{(k)}=\arg\min_{\boldsymbol{\theta}}\sum_{i=1}^{n}m_\tau(y_i-\beta_0-\beta_1x_i-\beta_2U_i^{(k-1)}-\beta_3V_i^{(k-1)}-\boldsymbol{z}_i^{\mathrm{T}}\boldsymbol{\gamma}),$$

步骤 3. 通过 $\bar{\xi}^{(k)}=\bar{\xi}^{(k-1)}+\dfrac{\bar{\beta}_3^{(k)}}{\bar{\beta}_2^{(k)}}$ 更新变点参数。

步骤 4. 重复步骤 2—3 直到满足给定的收敛条件，比如 $||\bar{\boldsymbol{\theta}}^{(k+1)}-\bar{\boldsymbol{\theta}}^{(k)}||_\infty<10^{-4}$ ，其中 $||\boldsymbol{\theta}||_\infty=\max_j|\boldsymbol{\theta}_j|$ 。

记 $\bar{\boldsymbol{\theta}}$ 和 $\bar{\xi}$ 分别为 $\bar{\boldsymbol{\theta}}^{(k)}$ 和 $\bar{\xi}^{(k)}$ 估计的极限值。$\bar{\boldsymbol{\theta}}$ 的渐近性质可以从标准的线性 expectile 回归模型中获得（Newey 与 Powell，1987[83]；Sobotka 等，2013[113]）。可以通过线性逼近两个随机变量的比值来获得 $\bar{\xi}$ 估计的标准误差，所以有

$$\mathrm{SE}(\bar{\xi})=\left[\frac{\mathrm{Var}(\bar{\beta}_3)+\mathrm{Var}(\bar{\beta}_2)\left(\dfrac{\bar{\beta}_3}{\bar{\beta}_2}\right)^2-2\left(\dfrac{\bar{\beta}_3}{\bar{\beta}_2}\right)\mathrm{Cov}(\bar{\beta}_2,\bar{\beta}_3)}{\bar{\beta}_2^2}\right]^{\frac{1}{2}}.$$

注意到当算法收敛时，$\bar{\beta}_3$ 是趋于 0 的。从而我们有 $\mathrm{SE}(\bar{\xi})=\dfrac{\mathrm{SE}(\bar{\beta}_3)}{|\bar{\beta}_2|}$ 。

则估计量 $\bar{\xi}_{1-\alpha}$ 的 Wald 置信区间为 $[\bar{\xi}-z_{\frac{\alpha}{2}}\mathrm{SE}(\bar{\xi}),\bar{\xi}+z_{\frac{\alpha}{2}}\mathrm{SE}(\bar{\xi})]$，其中 $z_{\frac{\alpha}{2}}$ 为标准正态分布的 $1-\dfrac{\alpha}{2}$ 分位数。

5.2　数值模拟

这一节，我们进行蒙特卡罗实验，以检验本章所提估计量(proposed)的有限样本性质。考虑以下两类模型。

类型 1. 同方差(homoscedasticity)：$y = \beta_0 + \beta_1 x + \beta_2 (x - \xi)_+ + \boldsymbol{z\gamma} + e$.

类型 2. 异方差(heteroscedasticity)：$y = \beta_0 + \beta_1 x + \beta_2 (x - \xi)_+ + \boldsymbol{z\gamma} + (1 + 0.2x)e$ 。

其中 $x \sim U(-2,4)$ ，$\boldsymbol{z} \sim N(0,0.5^2)$ ，随机误差项 e 的第 τ expectile 为 0。我们设置 $e = \tilde{e} - v_\tau(\tilde{e})$ ，其中 $v_\tau(\tilde{e})$ 是 $\tilde{e}$ 的第 τ expectile。对于每类模型，我们考虑两种不同类型的误差项：(1) $\tilde{e} \sim N(0,1)$ ；(2) $\tilde{e} \sim 0.9N(0,1) + 0.1t_4$ 。其中 $N(0,1)$ 是标准正态分布，t_4 是自由度为 4 的学生 t 分布。模型中的回归参数设置为 $(\beta_0, \beta_1, \beta_2, \boldsymbol{\gamma})^{\mathrm{T}} = (1, 1.5, -3, 1)$ ，变点参数设置为 $\xi = 1.5$ 。对于每个模型的模拟，分别考虑 $n = 200$ 和 $n = 500$ 的样本容量，在 expectile 水平为 $\tau = 0.1, 0.2, 0.3, 0.4, 0.5, 0.6, 0.7, 0.8, 0.9$ 下的 1000 次模拟。为了与 Zhang 与 Li(2017)[84] 的估计方法进行比较，我们也考虑了网格搜索法(grid)。网格搜索法可以通过 Zhang 和 Li 研发的 R 包 cthreshER 的“cterFit”函数实现，其中格子范围从 $\min(x) + 0.01$ 到 $\max(x) - 0.01$ 。我们用没有变点的标准线性 expectile 回归模型的参数估计作为本章估计方法中参数 $(\beta_0, \beta_1, \beta_2, \gamma)^{\mathrm{T}}$ 的初始值，取初值 w 和 x 的中位数分别作为参数 β_3 和 ξ 的初始值。

图 5.1—5.2 展示了所有参数在 expectile $\tau = 0.1, 0.3, 0.5, 0.7, 0.9$ 下 1000 次模拟结果的参数估计的平均值和置信水平为 95%时的渐近置信区间的平均值(CI)。从图中可以看出本章提出的估计方法与网格搜索法是可比的。附录材料中的表 5.4—5.11 报告了两种不同估计方法更详细的模拟结果，其中包括所有参数估计的偏差(bias)、1000 次估计的标准误差(SD)、标准误差的估计(ESE)、均方误差(MSE)和 95%置信区间覆盖率(CP)。这两种估计方法的估计值与真值之间的偏差都很小，而且它们的 ESE 都接近 SD。参数 $(\beta_0, \beta_1, \beta_2, \boldsymbol{\gamma})^{\mathrm{T}}$ 的 CP 值都接近设定的显著性水平 95%。然而，变点参数 ξ 的 CP 值有些低于 90%，尤其是基于 $n = 200$ 时异方差模型中在极高或者极低的 expectiles 水平时尤为明显。这可能是因为变点在异方差模型中影响更为显著，或者在极端 expectiles 水平下只有比较

少的观测样本。幸运的是，当样本大小从 $n=200$ 增加到 $n=500$ 时，参数 ξ 的 CP 值也逐渐接近显著性水平 95%。

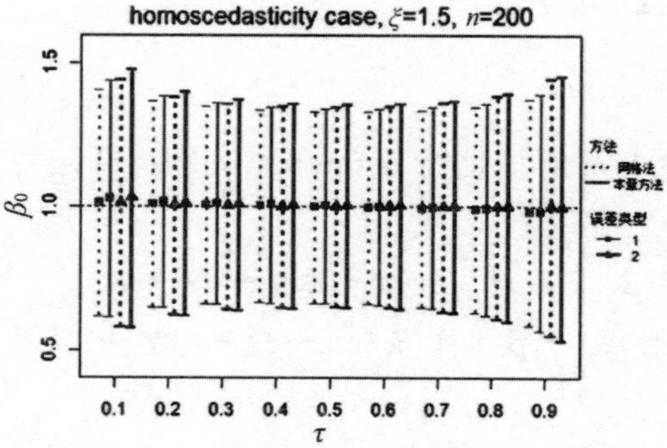

(a)

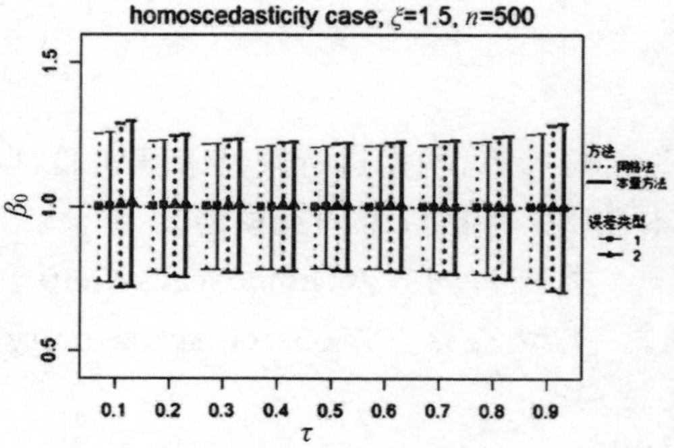

(b)

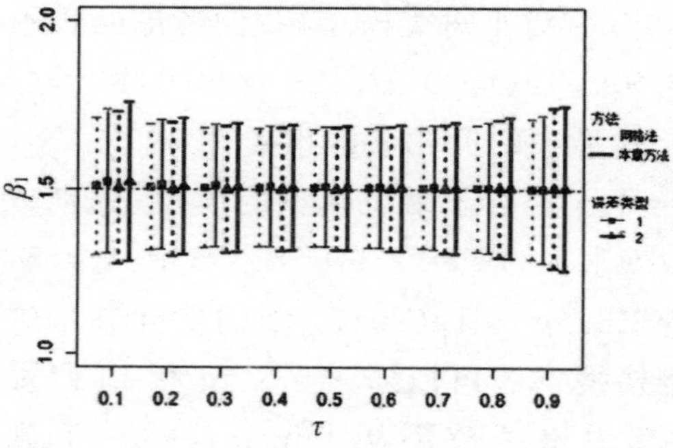

(c)

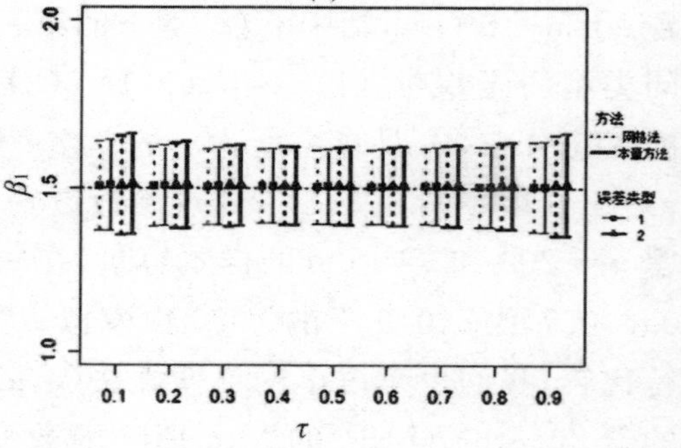

(d)

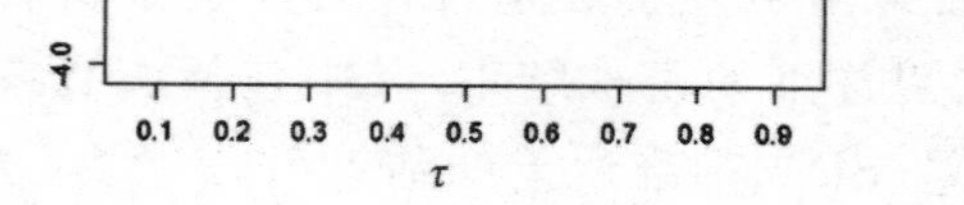

(e)

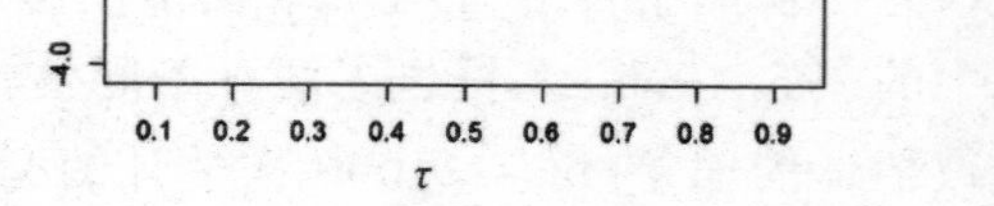

(f)

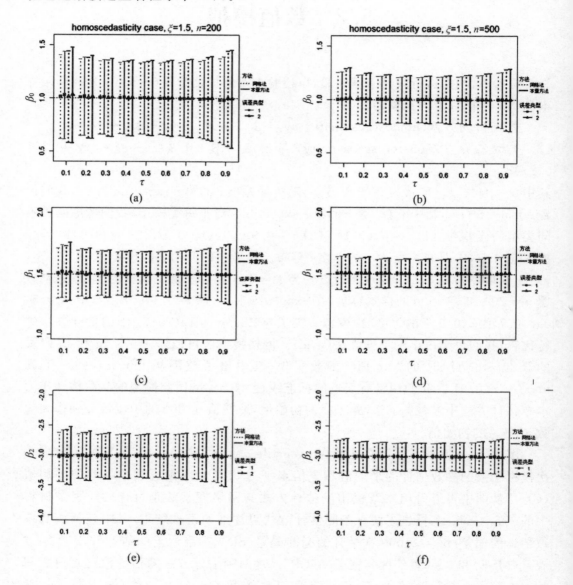

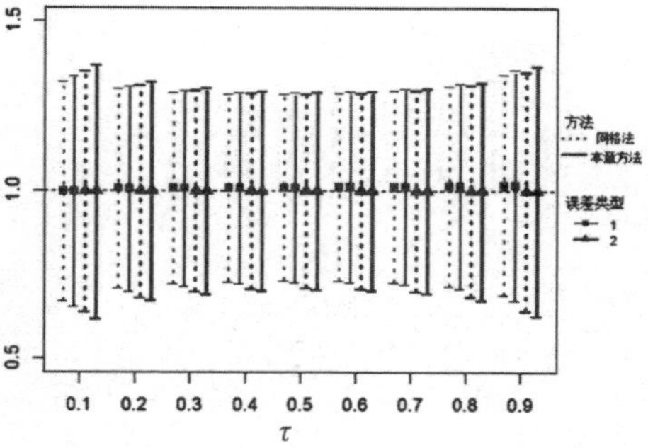

(g)

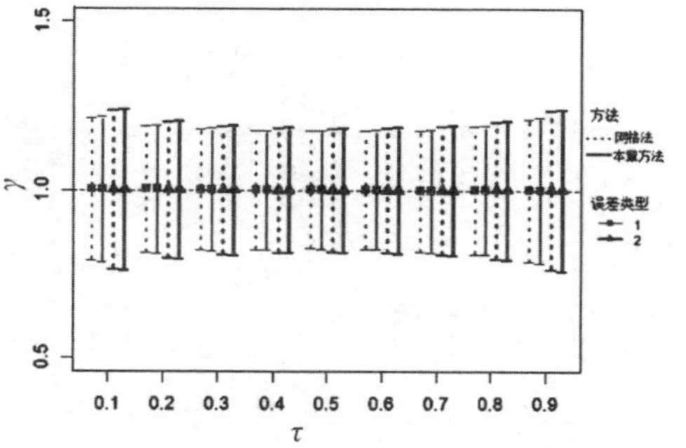

(h)

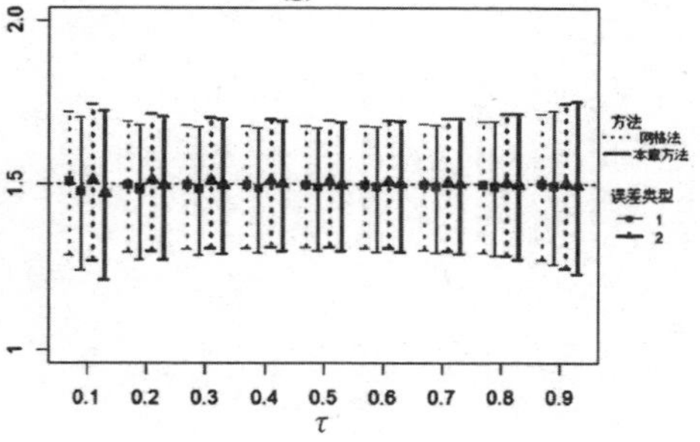

(i)

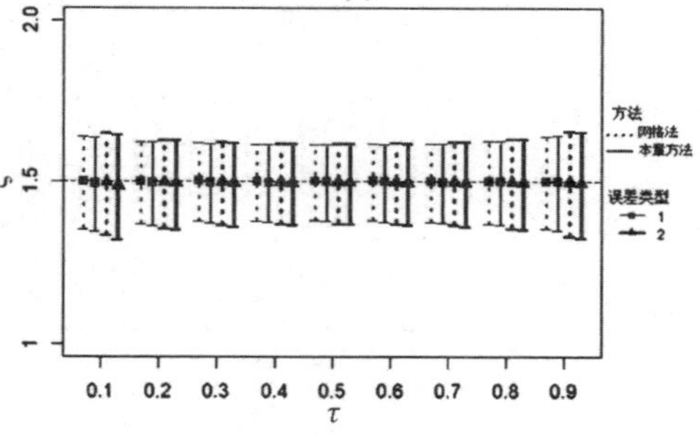

(j)

图 5.1　$\xi=1.5$ 时同方差模型的参数估计和 95% 置信区间估计的模拟结果

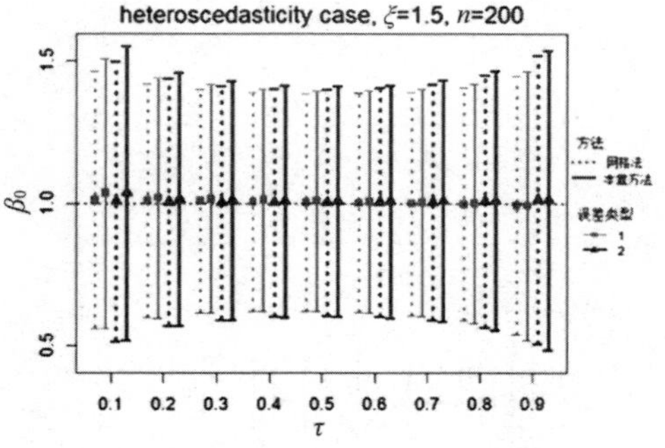

(a)

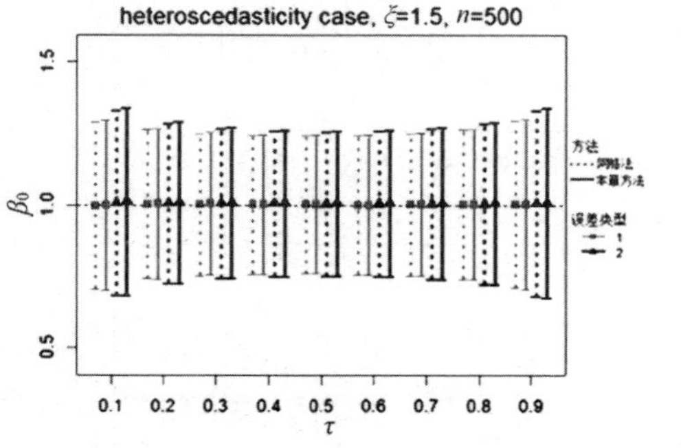

(b)

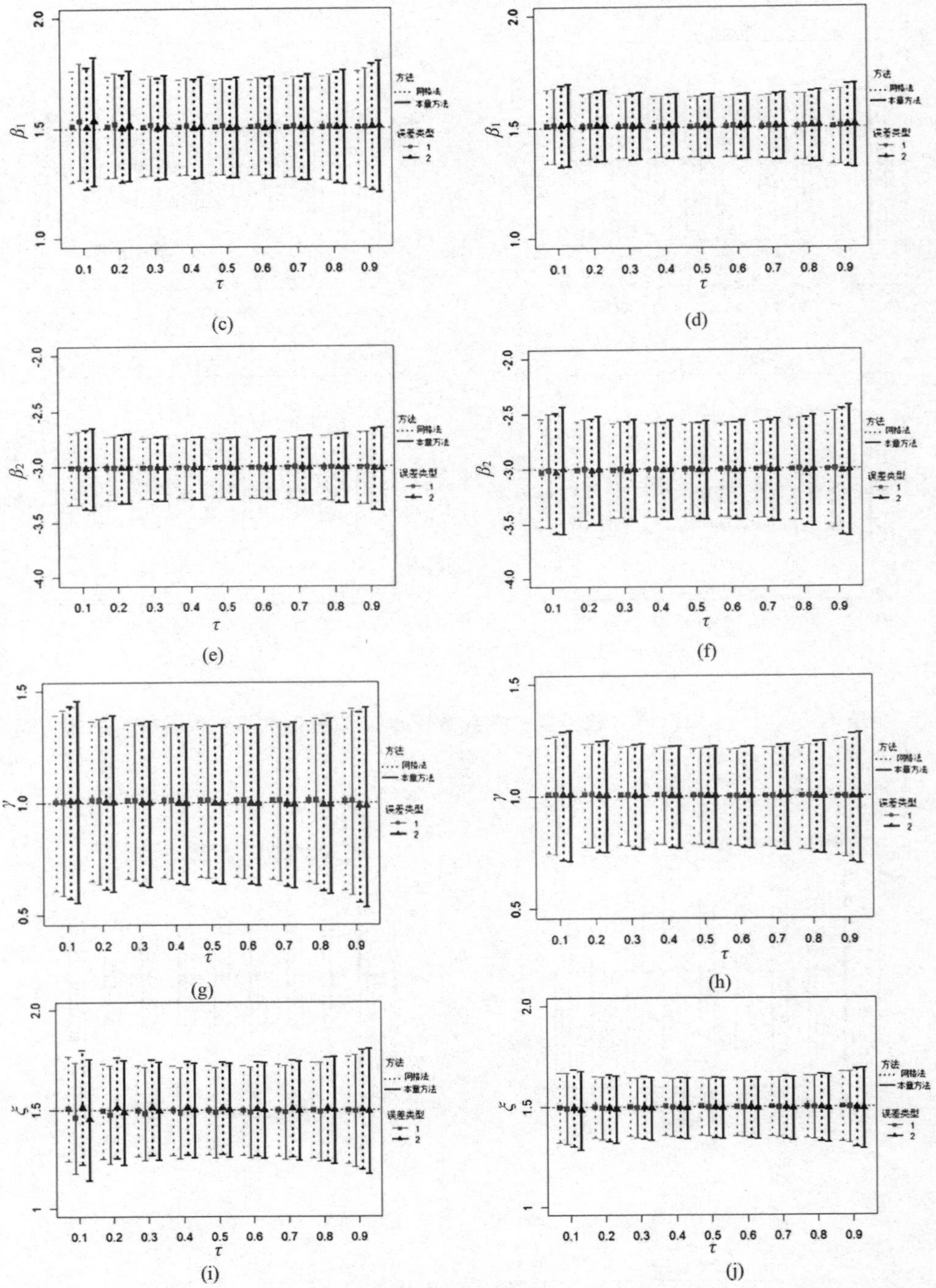

图 5.2　$\xi=1.5$ 时异方差模型的参数估计和 95％置信区间估计的模拟结果

前面我们考虑的变点参数设置是位于变点协变量的中间，那么变点的位置是否会对估计产生影响呢？下面考虑另一种极端情况，设置变点参数为 $\xi = 3$，即变点参数靠近变点协变量的右边。图 5.3—5.4 给出了详细的模拟结果。从模拟结果我们可得出结论，变点的位置对估计结果有着显著影响。这在一定意义上是当变点靠近变量的一端时，就会导致没有足够可观测的数据。综上模拟结果，本章所提的估计量具有理想的有限样本性能，特别是当样本容量增加到 $n = 500$ 时。

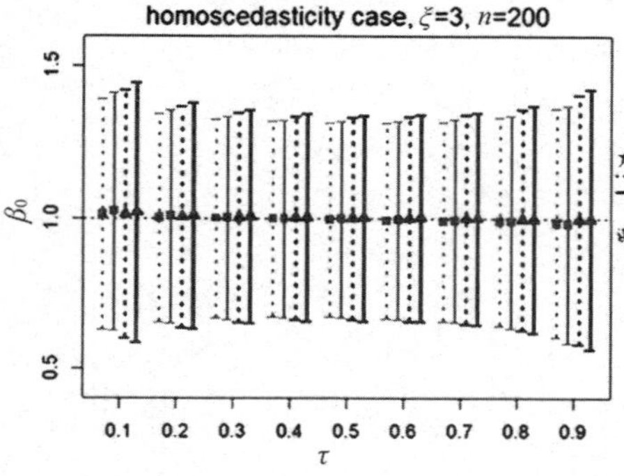

(a)

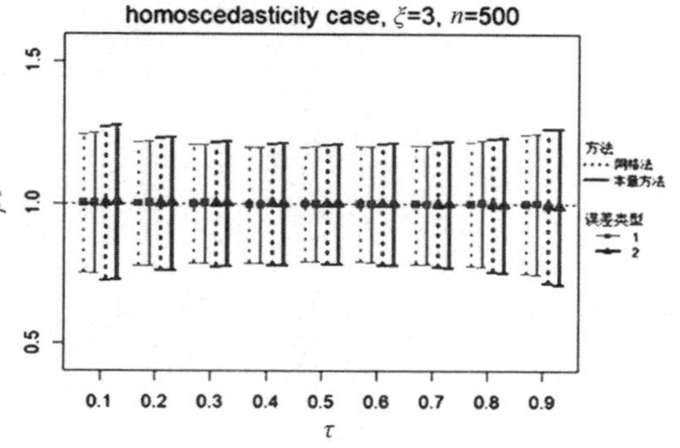

(b)

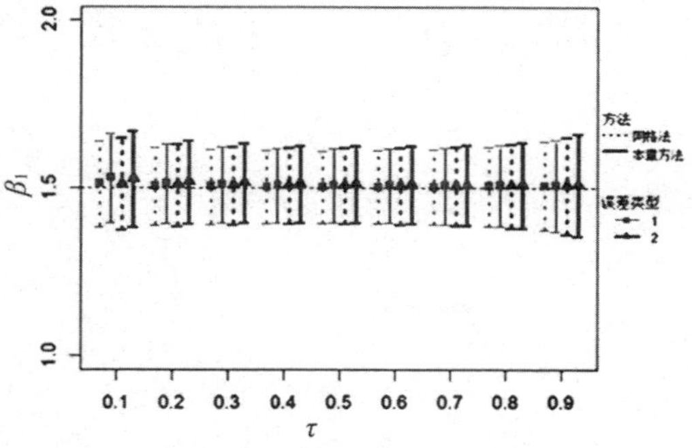

(c)

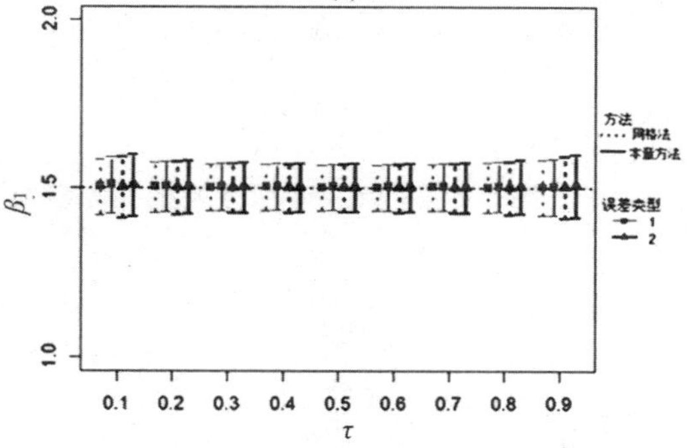

(d)

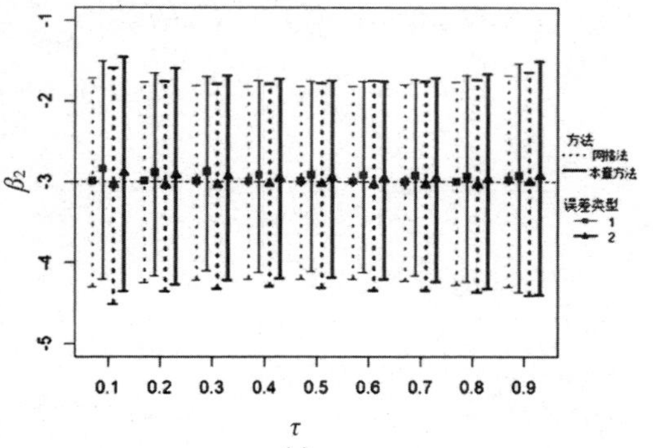

(e)

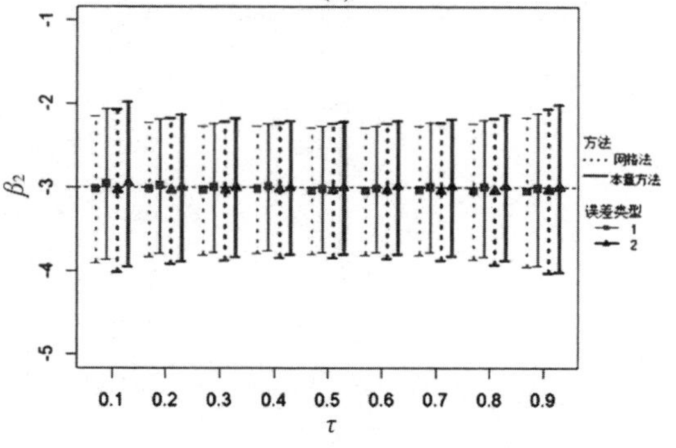

(f)

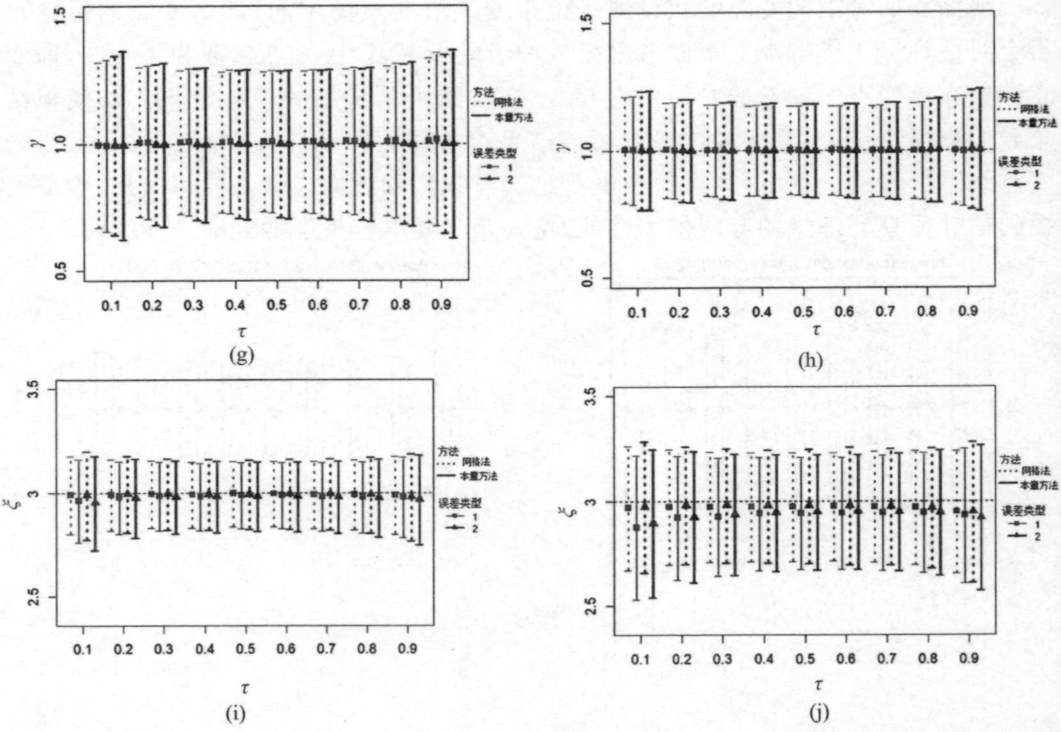

图 5.3　$\xi=3$ 时同方差模型的参数估计和 95％置信区间估计的模拟结果

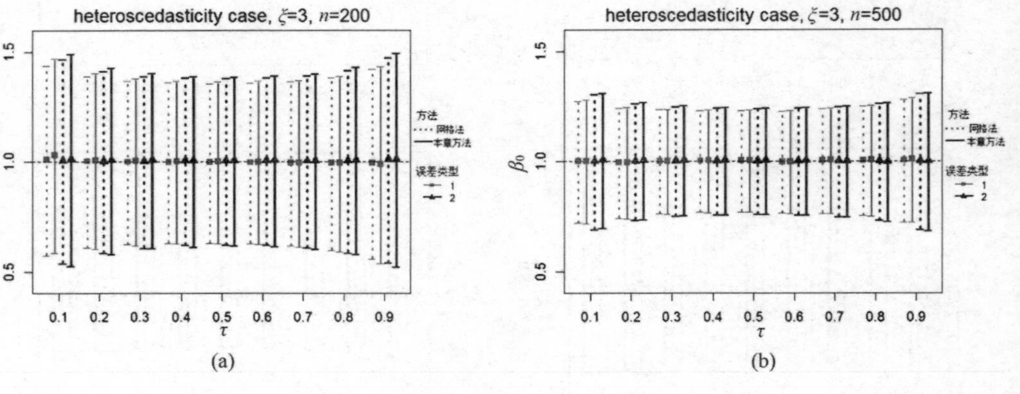

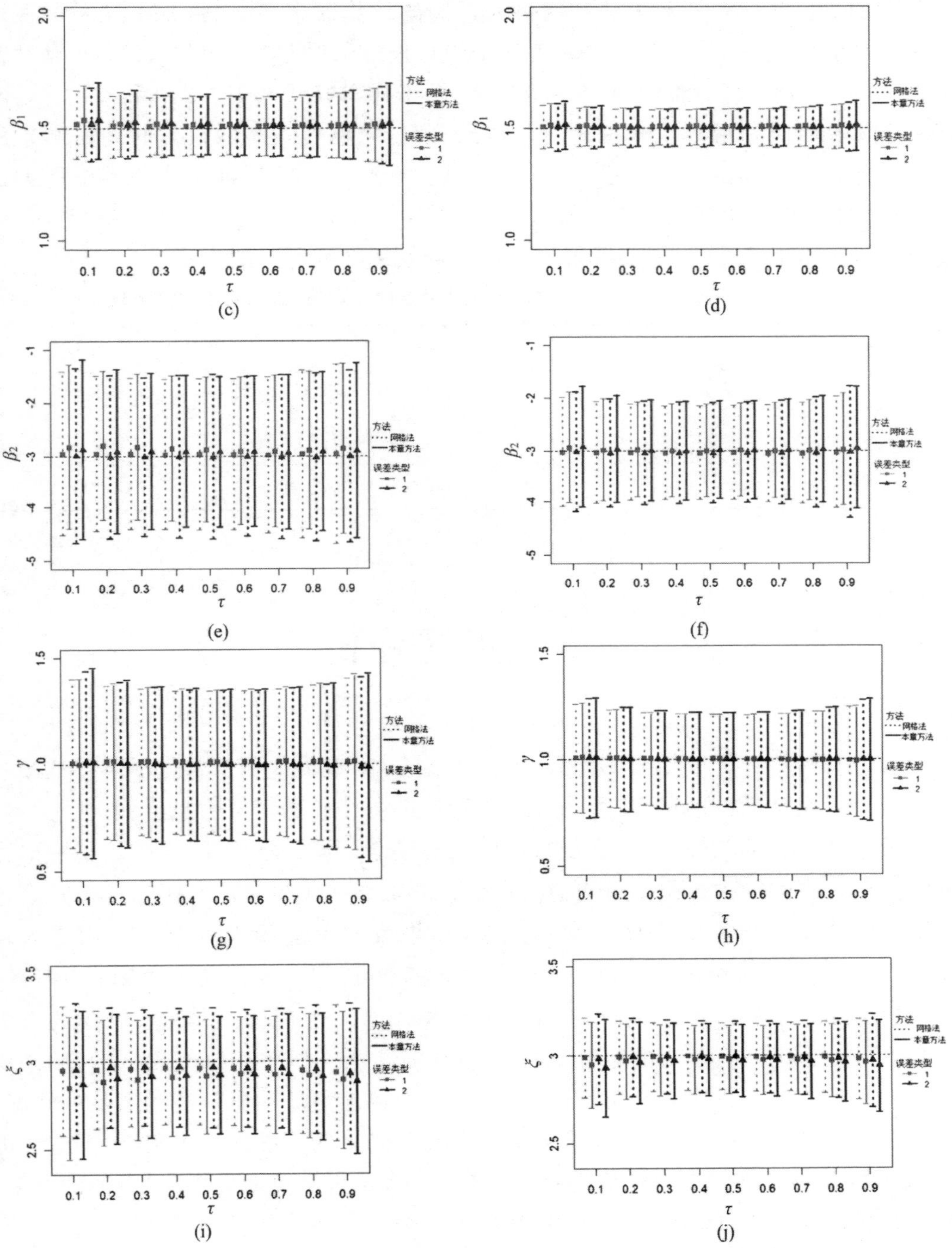

图 5.4　$\xi=3$ 时异方差模型的参数估计和 95%置信区间估计的模拟结果

下面进一步比较本章方法和网格搜索法的计算效率，我们报告了这两种估计方法的计算时间。为了节省篇幅，表 5.1 中只报告了误差项为 $N(0,1)$、变点设置为 $\xi=1.5$ 的模型在 0.5 expectile 水平下，基于样本容量为 $n=200$ 和 $n=500$ 的两种不同估计方法的单次模拟时间。结果表明，网格搜索法的计算时间是本章所提方法的计算时间的两倍或更多。综上所述，本章所提的估计方法与网格搜索法具有可比性，而且计算成本比网格搜索法低。因此，本书提出的方法为单变点逐段连续线性 expectile 回归模型提供了一种计算效率高且可行的方法。

表 5.1　误差项为模型在 0.5 expectile 水平下的两种方法计算时间的比较(s)

方法	同方差		异方差	
	$n=200$	$n=500$	$n=200$	$n=500$
grid	0.864	3.339	0.518	3.498
proposed	0.428	0.628	0.374	0.609

5.3　实证分析

电力作为一种十分重要的能源，已经覆盖全球，成为人们日常生活不可或缺的一部分。人类生活的通讯、交通、娱乐、工程等等各个领域和电力息息相关。因此，电力是一个国家的支柱，并且高质量的电力有助于刺激经济增长。那么，捕捉电力和经济增长之间的关系是十分有意义的。Ferguson 等(2000)[115]研究了 100 多个国家的电量使用与经济发展之间的关系，结果表明发达国家的电力使用与人均 GDP 之间存在着很强的相关性。Shiu 与 Lam(2004)[116]的研究也表明在 1971—2000 年期间，中国的实际 GDP 和用电量是共合体。然而，除了电量，供应的电力质量也是一个国家竞争力的重要基准。电力质量是一个没有单位的指标，用来评估一个国家的电力供应是否可靠，考量的是电力供应中断和电压波动不足的情况。这个指标来自问卷调查，调查要求被调查者在 1 到 7 的范围内做出判断，即最坏的(1 表示极其不可靠的电力供应)到最好的(7 个表示极其可靠的供应)可能的结果。另一方面，在经济指标中，人均 GDP 是衡量一个国家经济状况的可靠指标，因为它计算出人口中人均产出的数量，这是描述经济增长的一个合理的经济指标。Wolde-Rufael(2006)[117]研究指出电量对经济增长至关重要，文中利用人均 GDP 来衡量一个国家的经济增长。因此，我们选择人均 GDP 作为衡量一个国家的经济增长的响应变量。为了探讨人均 GDP 与电力质量之间的复杂关系，我们从 The Global Competitiveness Report 2015—2016 收集数据，数据包含 2014 年 140 个国家的人均国内生产总值(US MYM)，以及相应的电力质量。从散点图 5.5 中可以看出人均国内生产总值与电力质量之间明显是正相关的，但这种关系不是单调线性的。具体来说，人均国内生产总值在一定程度上随着电力质量的提高而缓慢增长，但是当电力质量超过某个值时，人均国内生产总值随着电力质量的提高而迅猛提高。为了能够描述这种现象，我们用逐段连续线性阈值 expectile 回归模型来分析这组数据：

$$v_\tau(y_i \mid x_i) = \beta_0 + \beta_1 x_i + \beta_2 (x_i - \xi)_+, i = 1,2,\cdots,140,$$

其中 y_i 是第 i 个国家的人均国内生产总值(GDP)，x_i 为第 i 个国家的电力质量，$\boldsymbol{\eta} = (\beta_0, \beta_1, \beta_2, \xi)^{\mathrm{T}}$ 是模型中的所有参数。我们首先采用 Zhang 与 Li(2017)[84]提出的变点检测方法来检测数据集中是否存在变点。通过计算，在 $\tau = 0.1, 0.2, 0.3, 0.4, 0.5, 0.6, 0.7, 0.8, 0.9$ expectiles 处的 p 值都趋于 0，也就意味着在这些不同的 expectiles 下，都存在一个变点。因此，我们可以用逐段连续线性的 expectile 回归模型来分析各国人均 GDP 和供电质量之间的关系。表 5.2 显示的是网格搜索法和本书方法的估计结果，结果表明这两种方法具有可比性。分析表明，对于不同的 expectile，变点值约等于 5.7，且人均国内生产总值与电力供应质量之间存在明显的正相关关系。也就是说，在变点之前，人均国内生产总值是缓慢提高的，但是在变点之后，人均国内生产总值迅猛增加。研究结果表明，提高一个国家的供电质量，就会提高人均国内生产总值，尤其当电力质量超过 5.7 时，带来的经济效益会更明显。

此外，我们还用了光滑化的 expectile 回归模型(Schnabel 与 Eilers，2009)[118]来分析这组数据。用非参数中样条方法(splines)拟合分析，并进一步与逐段连续线性 expectile 回归模型下的网格搜索法和本书方法的拟合结果进行比较。在非参数的 expectile 回归模型中，我们使用 R 包 expectreg (Sobotka 等，2014[119])进行拟合分析。参考 Zhang 与 Li(2017)[84]的文章，我们通过 K 折交叉验证的方法计算模型的拟合优度，从而对网格搜索法、本书方法和样条方法进行比较。具体而言，就是把数据集均分为 K 个子样本，这里用 S_k 表示第 k 个样本。第 k 个样本的预测误差定义为

$$\mathrm{PE}_k = \sum_{i \in S_k} m_\tau (y_i - \bar{y}_i^{(-k)}),$$

其中 $\bar{y}_i^{(-k)}$ 是剔除了第 k 个样本后的估计值。那么总误差(PE)定义为 $\mathrm{PE} = \sum_{k=1}^{K} \mathrm{PE}_k$ 。在这个例子中,K 的取值为 $K = 10$ 。

表 5.3 展示了三种方法下的预测误差值,从表中可以看出本书方法与网格搜索法是可比的。此外,在尾部的 expectile 水平 $\tau = 0.1, 0.2, 0.8, 0.9$,参数模型方法的 PE 值比样条方法的 PE 值小,但是在中间的 expectile 水平 $\tau = 0.3, 0.4, 0.5, 0.6, 0.7$ 时是略大的。尽管基于样条的非参数 expectile 回归模型在处理人均国内生产总值与电力供应质量之间的阈值效应等非线性的数据时更有灵活性,但是它不能给出任何变点位置的信息,而这种信息往往是很多研究者感兴趣的。相比之下,逐段连续线性 expectile 回归模型不仅可以处理均国内生产总值与电力供应质量之间的变点关系,还给出了具体的变点位置信息。图 5.5 给出了两种模型的拟合曲线图。

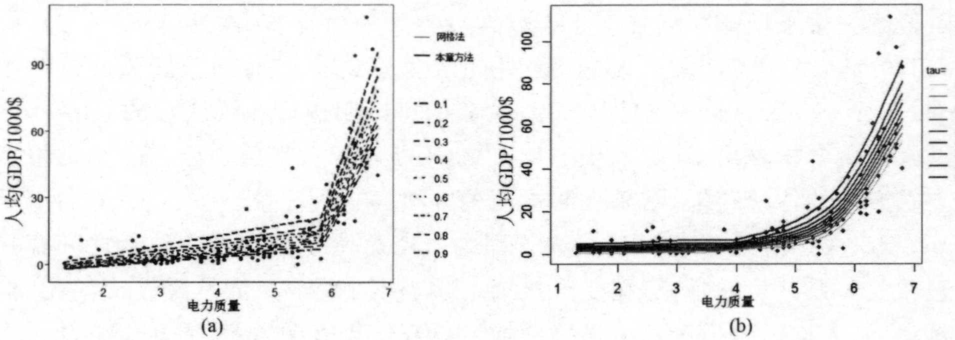

图 5.5　人均 GDP 与电力质量数据分析

表 5.2　人均 GDP 与电力质量数据的参数估计与标准差(SE)估计

τ		grid				proposed			
		β_0	β_1	β_2	ξ	β_0	β_1	β_2	ξ
0.1	estimate	−4.610	1.968	45.452	5.794	−4.655	1.987	45.657	5.797
	SE	1.360	0.386	7.891	0.084	1.398	0.397	8.686	0.089
0.2	estimate	−5.200	2.358	48.116	5.794	−5.255	2.375	48.297	5.797
	SE	1.585	0.446	7.825	0.084	1.608	0.452	8.338	0.087

续表

τ		grid				proposed			
		β_0	β_1	β_2	ξ	β_0	β_1	β_2	ξ
0.3	estimate	−5.484	2.639	50.020	5.794	−5.504	2.645	50.095	5.795
	SE	1.658	0.475	7.766	0.083	1.679	0.481	8.111	0.086
0.4	estimate	−5.636	2.882	51.804	5.794	−5.611	2.874	51.704	5.792
	SE	1.726	0.501	8.212	0.083	1.747	0.507	8.565	0.086
0.5	estimate	−5.713	3.113	53.789	5.794	−5.659	3.096	53.533	5.789
	SE	1.802	0.533	9.251	0.087	1.827	0.540	9.690	0.093
0.6	estimate	−5.699	3.341	56.215	5.794	−5.643	3.323	55.921	5.789
	SE	1.871	0.560	10.122	0.088	1.902	0.569	10.633	0.094
0.7	estimate	−5.504	3.563	59.240	5.794	−5.484	3.557	59.136	5.792
	SE	2.102	0.637	10.821	0.086	2.150	0.650	11.365	0.090
0.8	estimate	−5.207	3.862	63.224	5.794	−5.264	3.883	63.540	5.798
	SE	2.718	0.848	12.168	0.098	2.817	0.875	12.894	0.103
0.9	estimate	−4.495	4.333	69.736	5.794	−4.803	4.442	70.989	5.814
	SE	3.330	1.069	15.032	0.101	3.463	1.081	19.202	0.137

表 5.3　三种方法分析的人均 GDP 与电力质量数据的预测误差

τ	0.1	0.2	0.3	0.4	0.5	0.6	0.7	0.8	0.9
grid	3014.956	4842.973	6377.674	7630.623	8529.059	9039.096	9031.486	8379.391	6693.580
proposed	3016.381	4851.584	6399.253	7685.810	8568.286	9054.757	9022.468	8351.692	6704.710
splines	3097.575	4922.847	6400.525	7569.451	8444.433	8969.816	9008.649	8406.377	6785.192

5.4　本章结论

本章提出了一种可以同时估计折线 expectile 回归模型变点参数和回归系数的方法。借鉴了 Muggeo (2003)[13]文中的线性化技巧，巧妙克服了目标函数非光滑的缺点。基于现有的理论和 delta 方法，可以获得参数的区间估计。此外，大量的模拟结果和实证分析也表明本书所提出的方法与 Zhang 与 Li(2017)[84]所提的网格搜索法是可比的。然而，在变点检测上我们采用的是 Zhang 与 Li(2017) [84]基于网格搜索法所提的检验统计量。在后续工作中我们可进一步考虑 Muggeo (2016)[120]提出的避免对变点进行搜索的检测方法。

5.5　本章附录

在这一节中，我们给出详细的数值模拟结果。表 5.4—5.11 报告了基于样本容量 $n=200$ 和 $n=500$ 的 1000 次模拟的平均偏差(偏差)、标准误差(SD)、估计标准误差的平均值(ESE)、均方误差(MSE)和置信水平为 95%的覆盖率(CP)。表中"grid"表示网格搜索法，"proposed"表示本章估计方法。

表 5.4　$\xi=1.5, n=200, \tilde{e}\sim N(0,1)$ 时同方差模型的模拟结果

τ		grid					proposed				
		β_0	β_1	β_2	γ	ξ	β_0	β_1	β_2	γ	ξ
0.1	bias	0.015	0.006	−0.025	−0.005	0.007	0.029	0.020	−0.009	−0.004	−0.024
	SD	0.217	0.116	0.227	0.179	0.125	0.222	0.121	0.235	0.180	0.158
	ESE	0.201	0.107	0.208	0.165	0.112	0.210	0.112	0.219	0.174	0.118
	MSE	0.047	0.013	0.052	0.032	0.016	0.050	0.015	0.055	0.032	0.026
	CP	0.899	0.913	0.926	0.925	0.901	0.914	0.913	0.928	0.938	0.885

续表

τ		grid					proposed				
		β_0	β_1	β_2	γ	ξ	β_0	β_1	β_2	γ	ξ
0.2	bias	0.010	0.003	−0.010	0.005	−0.003	0.018	0.012	−0.002	0.005	−0.020
	SD	0.187	0.105	0.187	0.155	0.115	0.189	0.107	0.189	0.155	0.124
	ESE	0.183	0.098	0.189	0.150	0.102	0.188	0.100	0.195	0.155	0.105
	MSE	0.035	0.011	0.035	0.024	0.013	0.036	0.012	0.036	0.024	0.016
	CP	0.941	0.918	0.952	0.945	0.908	0.946	0.919	0.958	0.957	0.907
0.3	bias	0.007	0.003	−0.007	0.006	−0.004	0.013	0.009	−0.001	0.005	−0.016
	SD	0.177	0.098	0.177	0.147	0.107	0.178	0.100	0.177	0.147	0.113
	ESE	0.175	0.094	0.181	0.145	0.097	0.178	0.096	0.185	0.148	0.100
	MSE	0.031	0.010	0.031	0.022	0.011	0.032	0.010	0.031	0.022	0.013
	CP	0.945	0.927	0.953	0.952	0.922	0.948	0.935	0.961	0.959	0.919
0.4	bias	0.004	0.002	−0.006	0.007	−0.005	0.008	0.007	0.000	0.006	−0.014
	SD	0.174	0.096	0.172	0.144	0.106	0.175	0.098	0.172	0.144	0.109
	ESE	0.171	0.092	0.177	0.142	0.096	0.174	0.094	0.180	0.144	0.097
	MSE	0.030	0.009	0.030	0.021	0.011	0.031	0.010	0.030	0.021	0.012
	CP	0.944	0.925	0.959	0.953	0.923	0.947	0.929	0.963	0.959	0.925
0.5	bias	0.001	0.002	−0.006	0.008	−0.004	0.004	0.005	−0.001	0.007	−0.011
	SD	0.174	0.095	0.171	0.143	0.105	0.174	0.095	0.172	0.143	0.106
	ESE	0.170	0.091	0.177	0.141	0.095	0.173	0.093	0.180	0.143	0.097
	MSE	0.030	0.009	0.029	0.020	0.011	0.030	0.009	0.029	0.020	0.011
	CP	0.940	0.923	0.960	0.954	0.919	0.942	0.933	0.964	0.956	0.929
0.6	bias	−0.002	0.001	−0.005	0.009	−0.004	0.001	0.005	0.000	0.009	−0.011
	SD	0.176	0.096	0.173	0.144	0.104	0.176	0.096	0.174	0.144	0.106
	ESE	0.171	0.092	0.178	0.142	0.096	0.174	0.094	0.181	0.145	0.097
	MSE	0.031	0.009	0.030	0.021	0.011	0.031	0.009	0.030	0.021	0.011
	CP	0.937	0.925	0.960	0.951	0.924	0.944	0.934	0.961	0.957	0.921

续表

τ		grid					proposed				
		β_0	β_1	β_2	γ	ξ	β_0	β_1	β_2	γ	ξ
0.7	bias	−0.005	0.001	−0.004	0.010	−0.004	−0.003	0.004	0.001	0.010	−0.011
	SD	0.181	0.099	0.178	0.148	0.107	0.180	0.099	0.179	0.148	0.108
	ESE	0.175	0.094	0.182	0.145	0.098	0.178	0.096	0.186	0.148	0.100
	MSE	0.033	0.010	0.032	0.022	0.012	0.032	0.010	0.032	0.022	0.012
	CP	0.931	0.929	0.958	0.946	0.916	0.936	0.934	0.962	0.950	0.922
0.8	bias	−0.009	0.000	−0.004	0.012	−0.004	−0.007	0.003	0.001	0.011	−0.009
	SD	0.191	0.105	0.189	0.156	0.114	0.192	0.105	0.190	0.156	0.114
	ESE	0.182	0.099	0.191	0.151	0.102	0.187	0.101	0.196	0.155	0.105
	MSE	0.037	0.011	0.036	0.025	0.013	0.037	0.011	0.036	0.025	0.013
	CP	0.930	0.915	0.952	0.939	0.916	0.937	0.921	0.956	0.949	0.923
0.9	bias	−0.017	−0.001	−0.004	0.015	−0.002	−0.017	−0.001	0.001	0.015	−0.006
	SD	0.215	0.119	0.216	0.175	0.130	0.215	0.120	0.216	0.175	0.132
	ESE	0.201	0.109	0.211	0.166	0.113	0.210	0.114	0.223	0.174	0.119
	MSE	0.047	0.014	0.047	0.031	0.017	0.047	0.014	0.047	0.031	0.017
	CP	0.918	0.913	0.941	0.922	0.902	0.932	0.913	0.958	0.940	0.915

表 5.5　$\xi = 1.5, n = 500, \tilde{e} \sim N(0,1)$ 时同方差模型的模拟结果

τ		grid					proposed				
		β_0	β_1	β_2	γ	ξ	β_0	β_1	β_2	γ	ξ
0.1	bias	0.000	0.005	−0.007	0.003	−0.002	0.002	0.007	−0.004	0.003	−0.006
	SD	0.132	0.073	0.140	0.107	0.084	0.132	0.073	0.139	0.107	0.084
	ESE	0.130	0.070	0.136	0.108	0.073	0.133	0.071	0.139	0.110	0.075
	MSE	0.017	0.005	0.020	0.011	0.007	0.017	0.005	0.019	0.011	0.007
	CP	0.939	0.933	0.945	0.935	0.900	0.946	0.939	0.949	0.940	0.915

续表

τ		grid					proposed				
		β_0	β_1	β_2	γ	ξ	β_0	β_1	β_2	γ	ξ
0.2	bias	0.004	0.004	−0.006	0.003	−0.001	0.005	0.005	−0.004	0.003	−0.005
	SD	0.117	0.064	0.121	0.097	0.072	0.116	0.063	0.121	0.097	0.070
	ESE	0.116	0.063	0.121	0.096	0.065	0.117	0.063	0.122	0.097	0.066
	MSE	0.014	0.004	0.015	0.009	0.005	0.014	0.004	0.015	0.009	0.005
	CP	0.946	0.941	0.940	0.952	0.919	0.951	0.946	0.946	0.958	0.936
0.3	bias	0.002	0.002	−0.006	0.002	0.000	0.004	0.004	−0.004	0.002	−0.004
	SD	0.111	0.061	0.116	0.092	0.068	0.111	0.060	0.116	0.092	0.067
	ESE	0.111	0.060	0.115	0.092	0.062	0.112	0.060	0.116	0.093	0.063
	MSE	0.012	0.004	0.013	0.008	0.005	0.012	0.004	0.013	0.008	0.005
	CP	0.954	0.945	0.937	0.958	0.924	0.953	0.954	0.940	0.959	0.934
0.4	bias	−0.002	0.004	−0.005	0.000	−0.001	−0.001	0.005	−0.004	0.000	−0.003
	SD	0.107	0.059	0.112	0.088	0.066	0.107	0.058	0.111	0.088	0.065
	ESE	0.109	0.058	0.113	0.090	0.061	0.110	0.059	0.114	0.091	0.061
	MSE	0.012	0.003	0.012	0.008	0.004	0.011	0.003	0.012	0.008	0.004
	CP	0.949	0.942	0.948	0.948	0.932	0.953	0.946	0.949	0.950	0.931
0.5	bias	0.001	0.001	−0.004	0.002	0.000	0.002	0.003	−0.003	0.002	−0.002
	SD	0.108	0.058	0.113	0.089	0.066	0.107	0.058	0.113	0.089	0.065
	ESE	0.108	0.058	0.112	0.089	0.060	0.108	0.058	0.112	0.090	0.061
	MSE	0.012	0.003	0.013	0.008	0.004	0.012	0.003	0.013	0.008	0.004
	CP	0.947	0.956	0.939	0.959	0.922	0.953	0.955	0.936	0.960	0.923
0.6	bias	0.000	0.001	−0.004	0.001	0.001	0.001	0.002	−0.003	0.001	−0.002
	SD	0.109	0.059	0.114	0.089	0.066	0.108	0.059	0.114	0.089	0.067
	ESE	0.108	0.058	0.113	0.090	0.061	0.109	0.059	0.113	0.090	0.061
	MSE	0.012	0.004	0.013	0.008	0.004	0.012	0.004	0.013	0.008	0.004
	CP	0.945	0.953	0.934	0.955	0.921	0.947	0.951	0.937	0.957	0.921

续表

τ		grid					proposed				
		β_0	β_1	β_2	γ	ξ	β_0	β_1	β_2	γ	ξ
0.7	bias	0.000	0.004	−0.006	−0.002	−0.002	0.000	0.005	−0.004	−0.002	−0.004
	SD	0.108	0.061	0.113	0.089	0.068	0.108	0.060	0.113	0.089	0.066
	ESE	0.111	0.060	0.115	0.092	0.062	0.112	0.060	0.116	0.093	0.063
	MSE	0.012	0.004	0.013	0.008	0.005	0.012	0.004	0.013	0.008	0.004
	CP	0.954	0.945	0.948	0.953	0.919	0.954	0.950	0.949	0.953	0.935
0.8	bias	0.000	0.001	−0.004	0.000	−0.001	0.000	0.002	−0.003	0.000	−0.002
	SD	0.118	0.064	0.123	0.096	0.072	0.118	0.064	0.123	0.096	0.072
	ESE	0.117	0.063	0.121	0.097	0.065	0.118	0.063	0.123	0.098	0.066
	MSE	0.014	0.004	0.015	0.009	0.005	0.014	0.004	0.015	0.009	0.005
	CP	0.942	0.940	0.927	0.953	0.917	0.944	0.948	0.930	0.955	0.921
0.9	bias	−0.002	0.002	−0.006	0.000	0.000	−0.001	0.002	−0.005	0.000	−0.002
	SD	0.134	0.072	0.140	0.108	0.083	0.134	0.072	0.140	0.108	0.082
	ESE	0.131	0.070	0.136	0.108	0.073	0.133	0.071	0.139	0.110	0.075
	MSE	0.018	0.005	0.020	0.012	0.007	0.018	0.005	0.020	0.012	0.007
	CP	0.939	0.931	0.937	0.947	0.914	0.947	0.944	0.937	0.949	0.923

表 5.6　$\xi = 1.5, n = 200, \tilde{e} \sim N(0,1)$ 时异方差模型的模拟结果

τ		grid					proposed				
		β_0	β_1	β_2	γ	ξ	β_0	β_1	β_2	γ	ξ
0.1	bias	0.013	0.010	−0.032	0.003	0.004	0.035	0.033	−0.011	0.004	−0.042
	SD	0.250	0.141	0.275	0.218	0.156	0.261	0.162	0.281	0.219	0.214
	ESE	0.230	0.129	0.251	0.200	0.135	0.241	0.136	0.264	0.211	0.143
	MSE	0.062	0.020	0.077	0.047	0.024	0.069	0.027	0.079	0.048	0.048
	CP	0.908	0.909	0.920	0.932	0.891	0.907	0.902	0.931	0.936	0.860

续表

τ		grid					proposed				
		β_0	β_1	β_2	γ	ξ	β_0	β_1	β_2	γ	ξ
0.2	bias	0.010	0.007	−0.015	0.012	−0.007	0.019	0.016	−0.004	0.011	−0.026
	SD	0.215	0.127	0.226	0.189	0.144	0.221	0.130	0.228	0.190	0.157
	ESE	0.209	0.118	0.228	0.182	0.122	0.215	0.121	0.235	0.188	0.127
	MSE	0.047	0.016	0.051	0.036	0.021	0.049	0.017	0.052	0.036	0.025
	CP	0.945	0.923	0.950	0.945	0.896	0.945	0.916	0.950	0.947	0.898
0.3	bias	0.008	0.005	−0.012	0.009	−0.007	0.015	0.013	−0.003	0.009	−0.023
	SD	0.204	0.119	0.214	0.179	0.134	0.205	0.122	0.214	0.179	0.142
	ESE	0.200	0.113	0.219	0.175	0.117	0.204	0.115	0.223	0.179	0.120
	MSE	0.042	0.014	0.046	0.032	0.018	0.042	0.015	0.046	0.032	0.021
	CP	0.947	0.928	0.953	0.950	0.920	0.951	0.929	0.959	0.956	0.907
0.4	bias	0.005	0.004	−0.010	0.009	−0.005	0.011	0.009	−0.003	0.009	−0.018
	SD	0.199	0.116	0.208	0.174	0.129	0.200	0.118	0.209	0.174	0.135
	ESE	0.196	0.111	0.214	0.172	0.115	0.199	0.113	0.218	0.175	0.117
	MSE	0.040	0.013	0.044	0.031	0.017	0.040	0.014	0.044	0.031	0.018
	CP	0.942	0.922	0.960	0.954	0.925	0.947	0.926	0.961	0.958	0.911
0.5	bias	0.003	0.003	−0.010	0.009	−0.004	0.008	0.009	−0.002	0.009	−0.017
	SD	0.198	0.116	0.208	0.173	0.128	0.199	0.117	0.208	0.173	0.131
	ESE	0.195	0.110	0.213	0.171	0.114	0.198	0.112	0.217	0.174	0.117
	MSE	0.039	0.013	0.043	0.030	0.016	0.040	0.014	0.043	0.030	0.018
	CP	0.943	0.924	0.961	0.959	0.920	0.943	0.928	0.963	0.962	0.919
0.6	bias	0.001	0.003	−0.008	0.009	−0.006	0.005	0.008	−0.001	0.009	−0.016
	SD	0.200	0.116	0.210	0.174	0.128	0.201	0.117	0.211	0.174	0.132
	ESE	0.196	0.111	0.215	0.172	0.116	0.199	0.113	0.218	0.175	0.117
	MSE	0.040	0.013	0.044	0.030	0.016	0.040	0.014	0.044	0.030	0.018
	CP	0.940	0.926	0.959	0.956	0.914	0.941	0.931	0.962	0.959	0.919

续表

τ		grid					proposed				
		β_0	β_1	β_2	γ	ξ	β_0	β_1	β_2	γ	ξ
0.7	bias	−0.002	0.002	−0.008	0.009	−0.004	0.002	0.006	−0.001	0.009	−0.014
	SD	0.206	0.119	0.216	0.179	0.130	0.206	0.120	0.217	0.178	0.133
	ESE	0.200	0.113	0.220	0.176	0.118	0.204	0.116	0.224	0.179	0.120
	MSE	0.042	0.014	0.047	0.032	0.017	0.042	0.015	0.047	0.032	0.018
	CP	0.936	0.929	0.958	0.946	0.910	0.942	0.931	0.959	0.953	0.924
0.8	bias	−0.003	0.002	−0.008	0.008	−0.005	−0.001	0.004	−0.001	0.008	−0.012
	SD	0.217	0.127	0.229	0.188	0.138	0.218	0.126	0.231	0.188	0.141
	ESE	0.209	0.119	0.231	0.183	0.124	0.214	0.123	0.237	0.188	0.127
	MSE	0.047	0.016	0.052	0.035	0.019	0.048	0.016	0.053	0.035	0.020
	CP	0.935	0.916	0.955	0.946	0.908	0.939	0.922	0.959	0.949	0.913
0.9	bias	−0.007	0.000	−0.009	0.007	−0.004	−0.008	0.001	0.000	0.008	−0.009
	SD	0.243	0.144	0.262	0.211	0.159	0.245	0.146	0.262	0.211	0.163
	ESE	0.231	0.132	0.257	0.201	0.137	0.242	0.138	0.270	0.212	0.144
	MSE	0.059	0.021	0.069	0.044	0.025	0.060	0.021	0.069	0.044	0.027
	CP	0.926	0.911	0.945	0.929	0.899	0.933	0.907	0.955	0.939	0.903

表 5.7　$\xi=1.5, n=500, \tilde{e}\sim N(0,1)$ 时异方差模型的模拟结果

τ		grid					proposed				
		β_0	β_1	β_2	γ	ξ	β_0	β_1	β_2	γ	ξ
0.1	bias	−0.003	0.007	−0.010	0.008	−0.004	0.000	0.010	−0.007	0.007	−0.009
	SD	0.152	0.090	0.168	0.130	0.105	0.152	0.090	0.168	0.130	0.106
	ESE	0.149	0.084	0.164	0.130	0.088	0.151	0.086	0.168	0.133	0.090
	MSE	0.023	0.008	0.028	0.017	0.011	0.023	0.008	0.028	0.017	0.011
	CP	0.938	0.925	0.941	0.932	0.905	0.944	0.937	0.945	0.937	0.902

续表

τ		grid					proposed				
		β_0	β_1	β_2	γ	ξ	β_0	β_1	β_2	γ	ξ
0.2	bias	0.003	0.005	−0.009	0.006	−0.002	0.005	0.008	−0.006	0.006	−0.007
	SD	0.132	0.077	0.146	0.117	0.087	0.132	0.077	0.146	0.117	0.087
	ESE	0.133	0.075	0.145	0.117	0.078	0.134	0.076	0.147	0.118	0.079
	MSE	0.017	0.006	0.021	0.014	0.008	0.017	0.006	0.021	0.014	0.008
	CP	0.948	0.937	0.938	0.951	0.922	0.949	0.945	0.944	0.954	0.931
0.3	bias	0.002	0.004	−0.008	0.004	0.000	0.005	0.006	−0.006	0.004	−0.006
	SD	0.126	0.074	0.138	0.111	0.082	0.125	0.073	0.139	0.111	0.083
	ESE	0.126	0.072	0.139	0.111	0.075	0.127	0.072	0.140	0.112	0.075
	MSE	0.016	0.005	0.019	0.012	0.007	0.016	0.005	0.019	0.012	0.007
	CP	0.951	0.943	0.946	0.955	0.931	0.955	0.951	0.943	0.958	0.923
0.4	bias	0.002	0.002	−0.008	0.003	0.001	0.003	0.005	−0.006	0.003	−0.003
	SD	0.123	0.072	0.136	0.108	0.081	0.122	0.071	0.136	0.108	0.080
	ESE	0.124	0.070	0.135	0.109	0.073	0.124	0.070	0.136	0.110	0.073
	MSE	0.015	0.005	0.019	0.012	0.007	0.015	0.005	0.019	0.012	0.006
	CP	0.947	0.948	0.938	0.956	0.925	0.953	0.951	0.940	0.961	0.924
0.5	bias	0.001	0.002	−0.007	0.002	0.001	0.003	0.004	−0.005	0.002	−0.003
	SD	0.122	0.071	0.135	0.107	0.081	0.121	0.071	0.136	0.107	0.080
	ESE	0.123	0.070	0.135	0.108	0.072	0.124	0.070	0.135	0.109	0.073
	MSE	0.015	0.005	0.018	0.012	0.007	0.015	0.005	0.019	0.012	0.006
	CP	0.946	0.949	0.938	0.958	0.922	0.950	0.954	0.936	0.962	0.919
0.6	bias	−0.001	0.005	−0.008	−0.002	−0.001	0.000	0.006	−0.006	−0.002	−0.005
	SD	0.121	0.071	0.133	0.107	0.080	0.121	0.071	0.133	0.107	0.079
	ESE	0.124	0.070	0.136	0.109	0.073	0.125	0.071	0.137	0.110	0.074
	MSE	0.015	0.005	0.018	0.011	0.006	0.015	0.005	0.018	0.011	0.006
	CP	0.959	0.945	0.951	0.954	0.919	0.955	0.950	0.953	0.954	0.932

续表

τ		grid					proposed				
		β_0	β_1	β_2	γ	ξ	β_0	β_1	β_2	γ	ξ
0.7	bias	0.002	0.002	−0.007	−0.001	0.000	0.003	0.003	−0.005	−0.001	−0.003
	SD	0.125	0.073	0.140	0.110	0.083	0.126	0.073	0.141	0.110	0.083
	ESE	0.127	0.072	0.139	0.111	0.075	0.128	0.072	0.140	0.112	0.075
	MSE	0.016	0.005	0.020	0.012	0.007	0.016	0.005	0.020	0.012	0.007
	CP	0.942	0.951	0.930	0.952	0.922	0.943	0.951	0.937	0.953	0.921
0.8	bias	0.003	0.002	−0.007	−0.002	−0.001	0.004	0.003	−0.005	−0.002	−0.003
	SD	0.133	0.077	0.148	0.115	0.089	0.133	0.077	0.148	0.115	0.087
	ESE	0.133	0.075	0.146	0.117	0.079	0.135	0.076	0.148	0.119	0.080
	MSE	0.018	0.006	0.022	0.013	0.008	0.018	0.006	0.022	0.013	0.008
	CP	0.942	0.946	0.931	0.948	0.913	0.945	0.944	0.931	0.951	0.929
0.9	bias	0.003	0.002	−0.010	−0.004	0.000	0.003	0.003	−0.008	−0.004	−0.002
	SD	0.151	0.087	0.169	0.129	0.101	0.151	0.087	0.169	0.129	0.100
	ESE	0.149	0.085	0.164	0.131	0.088	0.152	0.086	0.167	0.133	0.090
	MSE	0.023	0.008	0.029	0.017	0.010	0.023	0.008	0.029	0.017	0.010
	CP	0.944	0.927	0.929	0.949	0.909	0.949	0.942	0.934	0.952	0.913

表 5.8 $\xi=1.5, n=200, \tilde{e}\sim 0.9N(0,1)+0.1t_4$ **时同方差模型的模拟结果**

τ		grid					proposed				
		β_0	β_1	β_2	γ	ξ	β_0	β_1	β_2	γ	ξ
0.1	bias	0.014	0.001	−0.025	−0.004	0.010	0.032	0.019	−0.005	−0.004	−0.028
	SD	0.245	0.131	0.259	0.205	0.152	0.246	0.138	0.267	0.205	0.186
	ESE	0.219	0.118	0.231	0.181	0.122	0.229	0.123	0.247	0.192	0.132
	MSE	0.060	0.017	0.068	0.042	0.023	0.062	0.019	0.072	0.042	0.035
	CP	0.923	0.922	0.917	0.913	0.876	0.931	0.923	0.929	0.927	0.868

续表

τ		grid					proposed				
		β_0	β_1	β_2	γ	ξ	β_0	β_1	β_2	γ	ξ
0.2	bias	0.006	−0.002	−0.015	−0.003	0.010	0.013	0.006	−0.006	−0.003	−0.007
	SD	0.210	0.112	0.219	0.173	0.131	0.211	0.113	0.218	0.173	0.136
	ESE	0.193	0.103	0.203	0.160	0.108	0.198	0.106	0.209	0.165	0.112
	MSE	0.044	0.013	0.048	0.030	0.017	0.045	0.013	0.048	0.030	0.018
	CP	0.933	0.933	0.925	0.923	0.889	0.936	0.934	0.937	0.936	0.898
0.3	bias	0.003	−0.003	−0.011	−0.003	0.009	0.008	0.003	−0.005	−0.003	−0.003
	SD	0.197	0.104	0.204	0.161	0.120	0.198	0.106	0.204	0.161	0.124
	ESE	0.183	0.098	0.191	0.152	0.102	0.186	0.100	0.196	0.155	0.105
	MSE	0.039	0.011	0.042	0.026	0.015	0.039	0.011	0.042	0.026	0.015
	CP	0.928	0.934	0.933	0.937	0.901	0.933	0.932	0.935	0.943	0.904
0.4	bias	0.002	−0.002	−0.009	−0.003	0.007	0.005	0.001	−0.005	−0.003	−0.001
	SD	0.191	0.101	0.197	0.155	0.116	0.191	0.102	0.197	0.155	0.118
	ESE	0.178	0.096	0.186	0.148	0.100	0.181	0.097	0.190	0.151	0.101
	MSE	0.036	0.010	0.039	0.024	0.014	0.037	0.010	0.039	0.024	0.014
	CP	0.932	0.933	0.936	0.944	0.904	0.938	0.935	0.940	0.945	0.913
0.5	bias	0.001	−0.002	−0.008	−0.003	0.006	0.004	0.002	−0.003	−0.003	−0.003
	SD	0.189	0.100	0.196	0.153	0.116	0.189	0.102	0.195	0.153	0.116
	ESE	0.177	0.095	0.185	0.147	0.099	0.180	0.097	0.188	0.149	0.101
	MSE	0.036	0.010	0.038	0.024	0.014	0.036	0.010	0.038	0.024	0.014
	CP	0.934	0.932	0.936	0.941	0.898	0.934	0.933	0.941	0.947	0.911
0.6	bias	0.001	−0.001	−0.008	−0.003	0.004	0.002	0.001	−0.004	−0.003	−0.002
	SD	0.190	0.102	0.197	0.154	0.118	0.189	0.103	0.196	0.154	0.117
	ESE	0.179	0.096	0.187	0.148	0.100	0.182	0.098	0.190	0.150	0.102
	MSE	0.036	0.011	0.039	0.024	0.014	0.036	0.011	0.039	0.024	0.014
	CP	0.926	0.925	0.936	0.944	0.896	0.934	0.936	0.941	0.947	0.907

续表

τ		grid					proposed				
		β_0	β_1	β_2	γ	ξ	β_0	β_1	β_2	γ	ξ
0.7	bias	0.000	0.000	−0.008	−0.003	0.003	0.001	0.001	−0.004	−0.003	−0.002
	SD	0.195	0.106	0.201	0.158	0.121	0.195	0.106	0.201	0.158	0.122
	ESE	0.185	0.099	0.192	0.151	0.103	0.188	0.101	0.196	0.155	0.105
	MSE	0.038	0.011	0.040	0.025	0.015	0.038	0.011	0.040	0.025	0.015
	CP	0.927	0.918	0.929	0.947	0.898	0.933	0.932	0.938	0.953	0.911
0.8	bias	−0.001	0.001	−0.012	−0.003	0.002	0.000	0.002	−0.006	−0.003	−0.003
	SD	0.210	0.116	0.214	0.169	0.132	0.209	0.116	0.212	0.169	0.132
	ESE	0.197	0.107	0.206	0.160	0.111	0.202	0.109	0.211	0.164	0.114
	MSE	0.044	0.013	0.046	0.028	0.017	0.044	0.013	0.045	0.028	0.017
	CP	0.927	0.925	0.934	0.944	0.913	0.936	0.937	0.943	0.954	0.914
0.9	bias	0.000	0.003	−0.017	−0.004	−0.001	−0.003	0.002	−0.006	−0.003	−0.006
	SD	0.246	0.139	0.251	0.195	0.156	0.241	0.135	0.250	0.195	0.160
	ESE	0.227	0.123	0.240	0.180	0.128	0.234	0.128	0.252	0.189	0.135
	MSE	0.061	0.019	0.064	0.038	0.024	0.058	0.018	0.063	0.038	0.026
	CP	0.922	0.918	0.938	0.927	0.902	0.930	0.934	0.947	0.939	0.919

表 5.9 $\xi = 1.5, n = 500, \tilde{e} \sim 0.9N(0,1) + 0.1t_4$ **时同方差模型的模拟结果**

τ		grid					proposed				
		β_0	β_1	β_2	γ	ξ	β_0	β_1	β_2	γ	ξ
0.1	bias	0.007	0.006	−0.011	0.001	−0.004	0.012	0.011	−0.007	0.001	−0.014
	SD	0.155	0.084	0.156	0.128	0.095	0.154	0.084	0.158	0.127	0.098
	ESE	0.145	0.077	0.151	0.120	0.081	0.146	0.078	0.155	0.122	0.083
	MSE	0.024	0.007	0.025	0.016	0.009	0.024	0.007	0.025	0.016	0.010
	CP	0.931	0.924	0.933	0.928	0.888	0.935	0.923	0.941	0.933	0.896

续表

τ		grid					proposed				
		β_0	β_1	β_2	γ	ξ	β_0	β_1	β_2	γ	ξ
0.2	bias	0.005	0.005	−0.008	0.001	−0.004	0.007	0.007	−0.006	0.001	−0.008
	SD	0.133	0.072	0.132	0.110	0.079	0.133	0.071	0.132	0.110	0.079
	ESE	0.125	0.067	0.130	0.104	0.070	0.126	0.068	0.132	0.105	0.071
	MSE	0.018	0.005	0.017	0.012	0.006	0.018	0.005	0.017	0.012	0.006
	CP	0.933	0.930	0.942	0.931	0.903	0.937	0.933	0.940	0.931	0.902
0.3	bias	0.004	0.004	−0.007	0.001	−0.004	0.005	0.006	−0.006	0.001	−0.006
	SD	0.124	0.067	0.122	0.103	0.072	0.124	0.066	0.123	0.103	0.073
	ESE	0.117	0.063	0.122	0.097	0.066	0.118	0.063	0.123	0.098	0.066
	MSE	0.015	0.004	0.015	0.011	0.005	0.015	0.004	0.015	0.011	0.005
	CP	0.930	0.938	0.944	0.935	0.917	0.935	0.932	0.943	0.940	0.915
0.4	bias	0.003	0.004	−0.006	0.000	−0.004	0.004	0.005	−0.005	0.000	−0.006
	SD	0.120	0.064	0.119	0.100	0.070	0.120	0.064	0.119	0.100	0.070
	ESE	0.114	0.061	0.118	0.095	0.064	0.114	0.062	0.119	0.095	0.064
	MSE	0.014	0.004	0.014	0.010	0.005	0.015	0.004	0.014	0.010	0.005
	CP	0.930	0.933	0.947	0.936	0.920	0.930	0.941	0.946	0.938	0.923
0.5	bias	0.003	0.004	−0.006	0.000	−0.003	0.003	0.004	−0.005	0.000	−0.005
	SD	0.119	0.064	0.117	0.100	0.069	0.119	0.064	0.118	0.100	0.069
	ESE	0.113	0.061	0.117	0.094	0.063	0.113	0.061	0.118	0.094	0.064
	MSE	0.014	0.004	0.014	0.010	0.005	0.014	0.004	0.014	0.010	0.005
	CP	0.936	0.939	0.945	0.931	0.922	0.938	0.935	0.946	0.933	0.924
0.6	bias	0.002	0.004	−0.006	0.000	−0.003	0.003	0.005	−0.005	0.000	−0.005
	SD	0.121	0.065	0.118	0.101	0.070	0.121	0.065	0.119	0.101	0.070
	ESE	0.114	0.061	0.118	0.095	0.064	0.115	0.062	0.119	0.095	0.064
	MSE	0.015	0.004	0.014	0.010	0.005	0.015	0.004	0.014	0.010	0.005
	CP	0.938	0.926	0.944	0.927	0.925	0.937	0.936	0.954	0.929	0.929

续表

τ		grid					proposed				
		β_0	β_1	β_2	γ	ξ	β_0	β_1	β_2	γ	ξ
0.7	bias	0.001	0.004	−0.006	0.000	−0.003	0.002	0.005	−0.005	0.000	−0.006
	SD	0.125	0.067	0.123	0.104	0.073	0.124	0.067	0.123	0.104	0.073
	ESE	0.117	0.063	0.122	0.097	0.066	0.118	0.064	0.123	0.098	0.067
	MSE	0.016	0.005	0.015	0.011	0.005	0.015	0.005	0.015	0.011	0.005
	CP	0.936	0.929	0.945	0.931	0.923	0.939	0.937	0.950	0.933	0.932
0.8	bias	0.000	0.004	−0.007	0.001	−0.004	0.001	0.005	−0.006	0.001	−0.006
	SD	0.133	0.072	0.132	0.112	0.078	0.134	0.072	0.132	0.112	0.078
	ESE	0.125	0.068	0.131	0.104	0.071	0.127	0.068	0.132	0.105	0.071
	MSE	0.018	0.005	0.018	0.012	0.006	0.018	0.005	0.017	0.012	0.006
	CP	0.933	0.928	0.940	0.933	0.922	0.937	0.932	0.946	0.936	0.918
0.9	bias	−0.001	0.006	−0.012	0.002	−0.004	0.000	0.008	−0.010	0.001	−0.007
	SD	0.156	0.087	0.160	0.131	0.095	0.156	0.085	0.157	0.130	0.094
	ESE	0.146	0.079	0.154	0.120	0.083	0.149	0.080	0.156	0.123	0.084
	MSE	0.024	0.008	0.026	0.017	0.009	0.024	0.007	0.025	0.017	0.009
	CP	0.933	0.928	0.940	0.929	0.910	0.940	0.933	0.944	0.936	0.917

表 5.10 $\xi = 1.5, n = 200, \tilde{e} \sim 0.9N(0,1) + 0.1t_4$ **时异方差模型的模拟结果**

τ		grid					proposed				
		β_0	β_1	β_2	γ	ξ	β_0	β_1	β_2	γ	ξ
0.1	bias	0.007	0.003	−0.036	0.006	0.012	0.035	0.033	−0.006	0.008	−0.050
	SD	0.281	0.160	0.310	0.250	0.190	0.287	0.174	0.325	0.244	0.246
	ESE	0.250	0.141	0.278	0.219	0.147	0.263	0.149	0.294	0.230	0.156
	MSE	0.079	0.026	0.097	0.063	0.036	0.083	0.031	0.106	0.060	0.063
	CP	0.924	0.919	0.918	0.909	0.851	0.932	0.920	0.924	0.925	0.838

续表

τ		grid					proposed				
		β_0	β_1	β_2	γ	ξ	β_0	β_1	β_2	γ	ξ
0.2	bias	0.004	0.000	−0.021	0.001	0.009	0.015	0.012	−0.007	0.001	−0.016
	SD	0.241	0.136	0.264	0.210	0.160	0.244	0.139	0.264	0.211	0.174
	ESE	0.221	0.124	0.245	0.195	0.130	0.227	0.128	0.252	0.200	0.134
	MSE	0.058	0.019	0.070	0.044	0.026	0.060	0.019	0.070	0.044	0.031
	CP	0.933	0.931	0.930	0.925	0.881	0.938	0.940	0.933	0.932	0.892
0.3	bias	0.002	−0.002	−0.018	−0.001	0.010	0.009	0.007	−0.007	−0.001	−0.007
	SD	0.226	0.127	0.248	0.195	0.149	0.227	0.128	0.245	0.195	0.152
	ESE	0.209	0.118	0.231	0.184	0.123	0.213	0.120	0.235	0.188	0.126
	MSE	0.051	0.016	0.062	0.038	0.022	0.052	0.016	0.060	0.038	0.023
	CP	0.922	0.934	0.929	0.932	0.895	0.929	0.939	0.937	0.935	0.906
0.4	bias	0.002	−0.001	−0.015	−0.003	0.008	0.007	0.004	−0.007	−0.003	−0.005
	SD	0.219	0.123	0.239	0.188	0.145	0.221	0.124	0.238	0.188	0.147
	ESE	0.204	0.115	0.224	0.179	0.120	0.208	0.117	0.228	0.182	0.122
	MSE	0.048	0.015	0.057	0.035	0.021	0.049	0.016	0.057	0.035	0.022
	CP	0.927	0.935	0.935	0.942	0.892	0.931	0.933	0.938	0.945	0.904
0.5	bias	0.003	−0.001	−0.014	−0.004	0.007	0.006	0.003	−0.007	−0.004	−0.003
	SD	0.216	0.123	0.236	0.185	0.143	0.216	0.124	0.236	0.185	0.146
	ESE	0.203	0.115	0.223	0.178	0.119	0.206	0.116	0.227	0.181	0.121
	MSE	0.047	0.015	0.056	0.034	0.021	0.047	0.015	0.056	0.034	0.021
	CP	0.929	0.931	0.934	0.944	0.897	0.935	0.930	0.938	0.949	0.909
0.6	bias	0.004	0.000	−0.012	−0.006	0.003	0.007	0.004	−0.006	−0.006	−0.005
	SD	0.216	0.125	0.236	0.186	0.144	0.218	0.125	0.236	0.186	0.145
	ESE	0.205	0.116	0.225	0.179	0.121	0.208	0.118	0.229	0.182	0.123
	MSE	0.047	0.016	0.056	0.035	0.021	0.048	0.016	0.056	0.035	0.021
	CP	0.932	0.924	0.935	0.945	0.896	0.932	0.927	0.938	0.945	0.913

续表

τ		grid					proposed				
		β_0	β_1	β_2	γ	ξ	β_0	β_1	β_2	γ	ξ
0.7	bias	0.004	0.001	−0.014	−0.008	0.004	0.008	0.005	−0.006	−0.008	−0.006
	SD	0.224	0.129	0.243	0.191	0.149	0.225	0.131	0.242	0.191	0.150
	ESE	0.211	0.120	0.233	0.183	0.125	0.216	0.122	0.237	0.187	0.127
	MSE	0.050	0.017	0.059	0.037	0.022	0.051	0.017	0.059	0.037	0.023
	CP	0.925	0.924	0.931	0.947	0.897	0.933	0.926	0.939	0.951	0.918
0.8	bias	0.007	0.002	−0.017	−0.011	0.002	0.009	0.005	−0.011	−0.011	−0.005
	SD	0.239	0.141	0.257	0.203	0.160	0.242	0.144	0.259	0.203	0.167
	ESE	0.226	0.128	0.250	0.193	0.134	0.232	0.132	0.257	0.199	0.138
	MSE	0.057	0.020	0.067	0.041	0.026	0.059	0.021	0.067	0.042	0.028
	CP	0.931	0.924	0.933	0.945	0.898	0.929	0.926	0.939	0.948	0.909
0.9	bias	0.013	0.005	−0.025	−0.017	−0.001	0.012	0.006	−0.013	−0.017	−0.009
	SD	0.277	0.164	0.304	0.234	0.192	0.272	0.163	0.300	0.234	0.194
	ESE	0.258	0.147	0.292	0.217	0.154	0.267	0.152	0.301	0.227	0.161
	MSE	0.077	0.027	0.093	0.055	0.037	0.074	0.027	0.090	0.055	0.038
	CP	0.925	0.909	0.933	0.924	0.896	0.931	0.922	0.949	0.941	0.898

表 5.11 $\xi=1.5, n=500, \tilde{e}\sim 0.9N(0,1)+0.1t_4$ 时异方差模型的模拟结果

τ		grid					proposed				
		β_0	β_1	β_2	γ	ξ	β_0	β_1	β_2	γ	ξ
0.1	bias	0.007	0.008	−0.015	0.005	−0.007	0.013	0.014	−0.010	0.005	−0.018
	SD	0.177	0.102	0.188	0.154	0.116	0.176	0.102	0.191	0.154	0.119
	ESE	0.165	0.093	0.182	0.145	0.098	0.167	0.095	0.187	0.148	0.100
	MSE	0.032	0.010	0.036	0.024	0.013	0.031	0.011	0.036	0.024	0.015
	CP	0.935	0.927	0.936	0.933	0.901	0.947	0.928	0.939	0.937	0.893

续表

τ		grid					proposed				
		β_0	β_1	β_2	γ	ξ	β_0	β_1	β_2	γ	ξ
0.2	bias	0.006	0.007	−0.011	0.003	−0.006	0.008	0.010	−0.008	0.003	−0.012
	SD	0.151	0.087	0.158	0.133	0.096	0.152	0.087	0.159	0.132	0.098
	ESE	0.142	0.081	0.157	0.125	0.084	0.144	0.082	0.158	0.127	0.085
	MSE	0.023	0.008	0.025	0.018	0.009	0.023	0.008	0.025	0.018	0.010
	CP	0.931	0.932	0.945	0.931	0.903	0.940	0.934	0.942	0.937	0.908
0.3	bias	0.005	0.006	−0.010	0.001	−0.005	0.007	0.008	−0.007	0.001	−0.009
	SD	0.141	0.081	0.147	0.125	0.088	0.142	0.080	0.148	0.124	0.089
	ESE	0.134	0.076	0.147	0.118	0.079	0.135	0.076	0.148	0.119	0.080
	MSE	0.020	0.007	0.022	0.016	0.008	0.020	0.006	0.022	0.015	0.008
	CP	0.939	0.939	0.951	0.935	0.907	0.940	0.939	0.950	0.938	0.916
0.4	bias	0.005	0.005	−0.008	0.000	−0.005	0.006	0.007	−0.007	0.000	−0.007
	SD	0.137	0.078	0.142	0.121	0.085	0.138	0.078	0.143	0.121	0.085
	ESE	0.130	0.074	0.143	0.114	0.077	0.131	0.074	0.144	0.115	0.077
	MSE	0.019	0.006	0.020	0.015	0.007	0.019	0.006	0.020	0.015	0.007
	CP	0.932	0.934	0.951	0.938	0.918	0.936	0.938	0.950	0.941	0.918
0.5	bias	0.004	0.005	−0.008	0.000	−0.004	0.005	0.006	−0.007	0.000	−0.006
	SD	0.136	0.078	0.141	0.120	0.084	0.137	0.077	0.141	0.120	0.084
	ESE	0.129	0.073	0.141	0.113	0.076	0.129	0.074	0.142	0.114	0.077
	MSE	0.019	0.006	0.020	0.014	0.007	0.019	0.006	0.020	0.014	0.007
	CP	0.933	0.933	0.948	0.936	0.923	0.939	0.933	0.948	0.937	0.914
0.6	bias	0.004	0.005	−0.008	−0.001	−0.004	0.005	0.006	−0.006	−0.001	−0.007
	SD	0.138	0.079	0.142	0.122	0.086	0.138	0.079	0.142	0.122	0.085
	ESE	0.130	0.074	0.143	0.114	0.077	0.131	0.074	0.144	0.115	0.077
	MSE	0.019	0.006	0.020	0.015	0.007	0.019	0.006	0.020	0.015	0.007
	CP	0.938	0.933	0.947	0.932	0.921	0.940	0.936	0.953	0.932	0.922

续表

τ		grid					proposed				
		β_0	β_1	β_2	γ	ξ	β_0	β_1	β_2	γ	ξ
0.7	bias	0.004	0.005	−0.009	−0.002	−0.004	0.005	0.007	−0.006	−0.002	−0.008
	SD	0.142	0.082	0.147	0.126	0.089	0.142	0.081	0.147	0.126	0.088
	ESE	0.134	0.076	0.147	0.118	0.079	0.135	0.077	0.148	0.119	0.080
	MSE	0.020	0.007	0.022	0.016	0.008	0.020	0.007	0.022	0.016	0.008
	CP	0.937	0.929	0.948	0.935	0.916	0.942	0.932	0.948	0.935	0.916
0.8	bias	0.004	0.006	−0.011	−0.002	−0.005	0.005	0.008	−0.008	−0.002	−0.008
	SD	0.152	0.088	0.159	0.134	0.096	0.151	0.088	0.158	0.134	0.095
	ESE	0.143	0.081	0.158	0.126	0.085	0.144	0.082	0.159	0.127	0.086
	MSE	0.023	0.008	0.025	0.018	0.009	0.023	0.008	0.025	0.018	0.009
	CP	0.941	0.928	0.941	0.936	0.916	0.940	0.925	0.945	0.936	0.919
0.9	bias	0.006	0.009	−0.017	−0.004	−0.005	0.006	0.010	−0.014	−0.004	−0.008
	SD	0.177	0.103	0.190	0.156	0.115	0.177	0.104	0.189	0.156	0.117
	ESE	0.166	0.095	0.185	0.145	0.100	0.169	0.097	0.189	0.147	0.102
	MSE	0.031	0.011	0.036	0.024	0.013	0.031	0.011	0.036	0.024	0.014
	CP	0.935	0.928	0.939	0.929	0.913	0.939	0.935	0.944	0.936	0.912

结　论

变点问题自20世纪50年代提出以来就一直是统计学领域的一个研究热点，且广泛地应用于经济金融、流行病学、生物医学、人工智能和环境科学等领域。传统的线性回归模型的变点问题基本是基于最小二乘估计的研究，虽然模型简单易操作，且在某些条件下是最优线性无偏估计，但是有一定的局限性。比如实际应用中尖峰、厚尾的复杂数据往往无法满足模型中对误差项正态、独立要求的严苛条件；数据中的异常值会对最小二乘估计造成较大的干扰，从而导致估计的不稳定；基于最小二乘的回归模型关注的是响应变量的条件期望与协变量的关系，不能反映响应变量所有信息的分布情况。与其相比，分位数回归模型可以通过不同分位数全面反映数据的信息，且对误差项无需严苛的假设条件，而且还能弥补数据存在异常值情况下最小二乘估计的不足，具有对传统的均值回归做补充和拓展的优势。所以本书研究的多变点的逐段连续线性分位数回归模型更能贴近地描述实际数据。

本书第2章研究了折线分位数回归模型。尽管Lee等(2011)[①]已经对该模型参数提出了网格搜索的估计方法，但是该方法存在一定的缺点。所以我们通过一个线性化技巧，对线分位数回归模型提出一个新的估计方法，并基于标准的线性分位数回归模型理论和delta方法，给出参数的区间估计。模拟结果表明本章所提的估计方法是有效的，且与网格搜索法是可比的。在这一章中，我们只考虑了已知单个变点情况下逐段连续线性分位数回归模型的估计问题。然而如何确定模型中变点的存在性，值得我们深入研究。另外，本章只考虑了单个分位数信息下的参数估计，对于不同的分位数水平变点具有接近的参数估计，可进一步考虑综合不同分位数信息的参数估计。

---

① LEE S, SEO M H, SHIN Y，2011. Testing for threshold effects in regression models[J]. Journal of the American Statistical Association，106(493)：220-231.

本书的第3章继续研究折线分位数回归模型。前一章介绍了Li等(2011)[①]提出的网格搜索法存在的弊端。由此Yan等(2017)[②]通过采用线性化技巧对模型提出新的估计方法。尽管Yan等(2017)的方法可以弥补网格搜索法的缺点,但是存在低估变点的缺陷。因此在第3章中,我们通过一个光滑化的技巧对模型的参数提出一个全新的估计方法,并给出该估计量相合性和渐近正态性的理论推导。此外,类似于Lee等(2011)[③]的文章,我们对模型提出拟似然比统计量用于检测模型中变点是否存在。本章研究内容虽然同时弥补了Li等(2011)[④]和Yan等(2017)[⑤]两篇文章介绍的估计方法的缺陷,并且还提出了一个检测变点存在性的方法,但是本章变点的检测方法和参数的估计方法只局限于单个变点的逐段连续线性分位数回归模型,对于多变点的逐段连续线性分位数回归模型的变点检测和参数估计与推断仍需继续深入研究。

本书的第4章将前两章研究的单个变点模型推广到多个变点的情况,即多变点的逐段连续线性分位数回归模型。在本章模型中,变点的个数和位置都是未知的。我们首先假定已知变点个数,基于bent-cable光滑化技巧,对模型提出估计方法,并给出估计量的统计推断理论和证明。同时,我们提出修正的wild binary segmentation算法用来确定模型中变点的个数,这个算法高效且计算量低。本章关于多变点的逐段连续线性分位数回归模型做了一个完整的研究,包括变点的检测和统计推断。值得将本章方法进一步扩展到其他相关的主题,比如考虑组合分位数信息的参数估计,考虑缺失数据、时间序列数据等等。

第2到第4章均研究的是分位数回归模型框架下的连续变点问题,在方法和理论研究上取得了一定的进展,因此考虑将这些方法和理论推广到其他变点模型。expectile回归模型有些类似分位数回归模型,对误差项没有严格的假设,可以通过尾部期望反映响应变量的所有信息。所以在本书第5章,我们考虑的是折线expectile回归模型。我们首先将本书第2章折线分位数回归模型的方法推广到折线

① LI C, WEI Y, CHAPPELL R, et al,2011. Bent line quantile regression with application to an allometric study of land mammals' speed and mass[J]. Biometrics, 67(1): 242- 249.

② YAN Y, ZHANG F, ZHOU X,2017. A note on estimating the bent line quantile regression model [J]. Computational Statistics, 32(2): 611-630.

③ LEE S, SEO M H, SHIN Y,2011. Testing for threshold e? ects in regression models[J]. Journal of the American Statistical Association, 106(493): 220-231.

④ 同①.

⑤ 同②.

expectile 回归模型，基于线性化技巧对模型提出一个全新的算法，并构建了参数的区间估计。数值模拟和实证分析的结果验证了本章所提方法的有效性。随后可将这些分位数框架下研究变点问题的方法和理论推广到更多的模型中去。

鉴于目前的研究成果，在未来科研的道路上，我们将继续深入探索变点问题的统计推断问题，推广本书理论与方法，丰富变点问题的应用。预期的工作将从以下方面展开研究。

(1)对于本书研究的折线分位数回归模型，我们只考虑了单个给定分位数水平下的信息进行变点和其他回归参数的估计。然而在一些实际分析中，不同分位数下的变点参数估计很接近。因此，我们可以进一步研究综合不同分位数信息下折线分位数回归模型的参数估计。

(2)本书只研究了完整数据下的逐段连续线性分位数回归模型的变点检测和统计推断问题。然而，复杂数据分析是当代统计学研究的热点问题之一，比如缺失数据、右删失数据、左截断数据等等。因此，将本书研究模型和方法推广到复杂数据是十分有意义的，这有待进一步研究。

(3)本书讨论的变点模型均是在假设观察值相互独立的条件之下的。但在实际应用中，时间序列数据是非常多的，所以在将来的研究中，可以考虑将本书的模型和方法推广到时序列数据或者面板数据。

(4)本书的研究成果在一定程度上丰富了逐段连续线性分位数回归模型的理论与应用，这些成熟的研究方法和理论可以尝试推广到基于其他回归模型的变点问题研究。

参考文献

[1] PAGE E S. Continuous inspection schemes[J]. Biometrika，1954，42(1)：100-115.

[2] YAO Y C，DAVIS R A. The asymptotic behavior of the likelihood ratio statistic for testing a shift in mean in asequence of independent normal variates[J]. The Indian Journal of Statistics(Series A)，1986，48(3)：339-353.

[3] 陈希孺. 只有一个转变点的模型的假设检验和区间估计[J]. 中国科学(A辑)，1988，8(1)：817-827.

[4] KOKOSZKA P，LEIPUS R. Change-point in the mean of dependent observations[J]. Statistics and Probability Letters，1998，40(4)：385-393.

[5] WANG J L，BHATTI M I. Three test for a change-point in variance of normal distribution[J]. Chinese Journal of Applied Probability and Statistics，1998，14(2)：113-121.

[6] 谭智平，缪柏其. 分布变点模型的非参数检验和区间估计[J]. 数学年刊(A辑)，2001，22(1)：617-628.

[7] 缪柏其，赵林城，谭智平. 关于变点个数及位置的检验和估计[J]. 应用数学学报，2003，26(1)：26-39.

[8] CHOW G. Tests of equality between sets of coefficients in two linear regressions[J]. Econometrica：Journal of the Econometric Society，1960，28(3)：591-605.

[9] ZEILEIS A. Implementing a class of structural change tests：An econometric computing approach[J]. Computational Statistics and Data Analysis，2006，50(11)：2987-3008.

[10] BAILER A J，PIEGORSCH W. Statistics for environmental biology and

toxicology[M]. Boca Raton:CRC Press,1997.

[11] PASTOR R,GUALLAR E. Use of two-segmented logistic regression to estimate changepoints in epidemiologic studies[J]. American Journal of Epidemiology,1998,148(7):631-642.

[12] SMITH A F M, COOK D G. Straight lines with a change-point: a Bayesian analysis of some renal transplant data[J]. Applied Statistics, 1980,29(2):180-189.

[13] MUGGEO V M. Estimating regression models with unknown break-points[J]. Statistics in Medicine,2003,22(19):3055-3071.

[14] TOMS J D,LESPERANCE M L. Piecewise regression:a tool for identifying ecological thresholds[J]. Ecology,2003,84(8):2034-2041.

[15] PIEGORSCH W W,BAILER A J. Analyzing environmental data[M]. Hoboken:John Wiley and Sons,2005.

[16] QUANDT R E. The estimation of the parameters of a linear regression system obeying two separate regimes[J]. Journal of the American Statistical Association,1958,53(284):873-880.

[17] QUANDT R E. Tests of the hypothesis that a linear regression system obeys two separate regimes[J]. Journal of the American Statistical Association,1960,55(290):324-330.

[18] BACON D W,WATTS D G. Estimating the transition between two intersecting straight lines[J]. Biometrika,1971,58(3):525-534.

[19] FERREIRA P E. A Bayesian analysis of a switching regression model: known number of regimes[J]. Journal of the American Statistical Association,1975,70(350):370-374.

[20] FEARNHEAD P. Exact and efficient Bayesian inference for multiple changepoint problems [J]. Statistics and Computing, 2006, 16 (2): 203-213.

[21] HINKLEY D V. Inference about the intersection in two-phase regression[J]. Biometrika,1969,56(3):495-504.

[22] HINKLEY D V. Inference about the change-point in a sequence of random variables[J]. Biometrika,1970,57(1):1-17.

[23] HINKLEY D V. Time-ordered classification[J]. Biometrika,1972,59(3):

509-523.

[24] JANDHYALA B K, FOTOPOULOS S B. Capturing the distributional behaviour of the maximum likelihood estimator of a changepoint[J]. Biometrika, 1999, 86(1): 129-140.

[25] HE H P, SEVERINI T A. Asymptotic properties of maximum likelihood estimators in models with multiple change points[J]. Bernoulli, 2010, 16(3): 759-779.

[26] CANER M. A note on least absolute deviation estimation of a threshold model[J]. Econometric Theory, 2002, 18(3): 800-814.

[27] BHATTACHARYA P K. Some aspects of change-point analysis[J]. Lecture Notes(Monograph Series), 1994, 23(1994): 28-56.

[28] Feder P I. The log likelihood ratio in segmented regression[J]. The Annals of Statistics, 1975, 3(1): 84-97.

[29] CHAN K S. Testing for threshold autoregression[J]. The Annals of Statistics, 1990, 18(4): 1886-1894.

[30] CHAN K S, TONG H. On likelihood ratio tests for threshold autoregression[J]. Journal of the Royal Statistical Society(Series B): Methodological, 1990, 10(1): 271-278.

[31] CHAN K S. Percentage points of likelihood ratio tests for threshold autoregression[J]. Journal of the Royal Statistical Society (Series B): Methodological, 1991, 53(3): 691- 696.

[32] BAI J. Likelihood ratio tests for multiple structural changes[J]. Journal of Econometrics, 1999, 91(2): 299-323.

[33] BAI J. Estimation of a change point in multiple regression models[J]. Review of Economics and Statistics, 1997, 79(4): 551-563.

[34] LIU J, QIAN L. Change point estimation in a segmented linear regression viaempirical likelihood[J]. Communications in Statistics-Simulation and Computation, 2009, 39(1): 85-100.

[35] LEE S, SEO M H, SHIN Y. Testing for threshold effects in regression models[J]. Journal of the American Statistical Association, 2011, 106 (493): 220-231.

[36] 蒋家坤，林华珍，蒋靓，等. 门槛回归模型中门槛值和回归参数的估计

[J]. 中国科学(数学),2016,4(1):409-422.

[37] TONG H. Non-linear time series: a dynamical system approach[M]. New York: Oxford University Press, 1990.

[38] ANDREWS D W K, PLOBERGER W. Optimal tests when a nuisance parameter is present only under the alternative[J]. Econometrica, 1994, 62(6): 1383-1414.

[39] HANSEN B E. Inference when a nuisance parameter is not identified under the null hypothesis[J]. Econometrica, 1996, 64(2): 413-430.

[40] HANSEN B E. Sample splitting and threshold estimation[J]. Econometrica, 2000, 68(3): 575-603.

[41] BAI J, Perron P. Estimating and testing linear models with multiple structural changes[J]. Econometrica, 1998, 66(1): 47-78.

[42] CHO J S, WHITE H. Testing for regime switching[J]. Econometrica, 2007, 75(6): 1671-1720.

[43] HUDSON D J. Fitting segmented curves whose join points have to be estimated[J]. Journal of the American Statistical Association, 1966, 61 (316): 1097-1129.

[44] CHAN K S. Consistency and limiting distribution of the least squares estimator of a threshold autoregressive model[J]. The Annals of Statistics, 1993, 21(1): 520-533.

[45] CHAN K S, TSAY R S. Limiting properties of the least squares estimator of a continuous threshold autoregressive model[J]. Biometrika, 1998, 85(2): 2413-2426.

[46] LI D, LING S Q. On the least squares estimation of multiple-regime threshold autoregressive models[J]. Journal of Econometrics, 2012, 167 (1): 240-253.

[47] FEDER P I. On asymptotic distribution theory in segmented regression problems-identified case[J]. The Annals of Statistics, 1975, 3(1): 49-83.

[48] LERMAN P. Fitting segmented regression models by grid search[J]. Applied Statistics, 1980, 29(1): 77-84.

[49] LIU J, WU S, ZIDEK J V. On segmented multivariate regression[J].

Statistica Sinica,1997,7(2):497-525.
[50] SEO M,LINTON O. A smoothed least square sestimator for threshold regression models[J]. Journal of Econometrics,2007,141(2):704-735.
[51] HANSEN B E. Regression kink with an unknown threshold[J]. Journal of Business and Economic Statistics,2017,35(2):228-240.
[52] POTTER S M. A nonlinear approach to US GNP[J]. Journal of Applied Econometrics,1995,10(2):109-125.
[53] DURLAUF S N,JOHNSON P A. Multiple regimes and cross-country growth behaviour[J]. Journal of Applied Econometrics,1995,10(4):365-384.
[54] KHAN M S,SENHADJI A S. Threshold effects in the relationship between inflation and growth[J]. IMF Staff Papers,2001,48(1):1-21.
[55] KILIAN J,TAYLOR M P. Why is it so difficult to beat the random walk forecast of exchange rates? [J]. Journal of International Economics,2003,60(1):85-107.
[56] GONZALO J,WOLF M. Subsampling inference in threshold autoregressive models[J]. The Annals of Statistics,2005,127(2):201-224.
[57] YOLDAS E. Threshold asymmetries in equity return distributions:statistical tests and investment implications[J]. Studies in Nonlinear Dynamics and Econometrics,2012,16(5):611-630.
[58] KOENKER R,BASSETT J G. Regression quantiles[J]. Econometrica,1978,46(1):33-50.
[59] KOENKER,R. Quantile regression[M]. Cambridge:Cambridge University Press,2005.
[60] GUTENBRUNNER G,JURECKOVA J. Regression rank scores and regression quantiles[J]. The Annals of Statistics,1992,20(1):305-330.
[61] KOENKER R,ZHAO Q. Conditional quantile estimation and inference for ARCH models[J]. Econometric Theory,1996,12(5):793-813.
[62] KOENKER R,MACHADO J A F. Goodness of fit and related inference processes for quantile regression[J]. Journal of the American Statistical Association,1999,99(448):1296-1310.
[63] KOENKER R,XIAO Z. Inference on the quantile regression process

[J]. Econometrica,2002,70(4):1583-1612.

[64] KOENKER R,XIAO Z. Unit root quantile autoregression inference[J]. Journal of the American Statistical Association, 2004, 99 (467): 775-787.

[65] KOENKER R,XIAO Z. Quantile autoregression[J]. Journal of the American Statistical Association,2006,101(475):980-990.

[66] CHERNOZHUKOV V,HANSEN C. An IV model of quantile treatment effects[J]. Econometrica,2005,73(1):245-261.

[67] CHERNOZHUKOV V,HANSEN C,JANSSON M. Finite sample inference for quantile regression models[J]. Journal of Econometrics, 2009,152(2):93-103.

[68] KATO K. Asymptotics for argmin processes:Convexity arguments[J]. Journal of Multivariate Analysis,2009,100(8):1816-1829.

[69] POLLARD D. Asymptotics for least absolute deviation regression estimators[J]. Econometric Theory,1991,7(2):186-199.

[70] SU L,XIAO Z. Testing for parameter stability in quantile regression models[J]. Statistics and Probability Letters,2008,78(16):2768-2775.

[71] QU Z. Testing for structural change in regression quantiles[J]. Journal of Econometrics,2008,146(1):170-184.

[72] OKA T,QU Z. Estimating structural changes in regression quantiles [J]. Journal of Econometrics,2011,162(2):248-267.

[73] GALVAO A F,MONTE-ROJAS G,OLMO J. Threshold quantile autoregressive models[J]. Journal of Time Series Analysis,2011,32(3): 253-267.

[74] GALVAO A F,KATO K,MONTES-ROJAS G,et al. Testing linearity against threshold effects: uniform inference in quantile regression[J]. Annals of the Institute of Statistical Mathematics, 2014, 66 (2): 413-439.

[75] ZHANG L,WANG H J,ZHU Z. Testing for change points due to a covariate threshold in quantile regression[J]. Statistica Sinica,2014,24 (4):1859-1877.

[76] KUAN C M,MICHALOPOULOS C,XIAO Z. Quantile Regression on

Quantile Ranges:A Threshold Approach[J]. Journal of Time Series Analysis,2017,38(1):99-119.

[77] CAI Y,STANDER J. Quantile self-exciting threshold autoregressive time series models[J]. Journal of Time Series Analysis,2008,29(1):186-202.

[78] CAI Y. Forecasting for quantile self-exciting threshold autoregressive time series models[J]. Biometrika,2010,97(1):199-208.

[79] LI C,WEI Y,CHAPPELL R,et al. Bent line quantile regression with application to an allometric study of land mammals' speed and mass [J]. Biometrics,2011,67(1):242- 249.

[80] 龙振环,张飞鹏,周小英. 带多个变点的逐段连续线性分位数回归模型及应用[J]. 数量经济技术经济研究,2017,8(1):150-161.

[81] YAN Y,ZHANG F,ZHOU X. A note on estimating the bent line quantile regression model [J]. Computational Statistics, 2017, 32 (2): 611-630.

[82] FRYZLEWICZ P. Wild binary segmentation for multiple change-point detection[J]. The Annals of Statistics,2014,42(6):2243-2281.

[83] NEWEY W K,POWELL J L. Asymmetric least squares estimation and testing[J]. Econometrica,1987,55(4):819-847.

[84] ZHANG F,LI Q. A continuous threshold expectile model[J]. Computational Statistics and Data Analysis,2017,116:49-66.

[85] SPRENT P. Some hypotheses concerning two phase regression lines [J]. Biometrics,1961,17(4):634-645.

[86] ROBISON D E. Estimates for the points of intersection of two polynomial regressions[J]. Journal of the American Statistical Association, 1964,59(305):214-224.

[87] CHAPPELL R. Fitting bent lines to data,with applications to allometry [J]. Journal of Theoretical Biology,1989,138(2):235-256.

[88] MCCULLAGH P,NELDER J. Generalized linear models[M]. 2nd ed. London:Chapman and Hall,1989.

[89] GARLAND T. The relation between maximal running speed and body mass in terrestrial mammals[J]. Journal of Zoology, 1983, 199 (2):

157-170.
[90] HUXLEY J S. Problems of Relative Growth[M]. London:Methuen,1932.
[91] GALTON F. Regression Towards Mediocrity in Hereditary Stature[J]. Journal of the Anthropological Institute,1886,15:246-263.
[92] WACHSMUTH A,WILKINSON L,DALLAI G E. Galton's Bend:A Previously Undiscovered Nonlinearity in Galton's Family Stature Regression Data[J]. The American Statistician,2003,57(3):190-192.
[93] HINKLEY D V. Inferencein Two-Phase Regression[J]. Journal of the American Statistical Association,1971,66(336):736-743.
[94] HOROWITZ J L. A smoothed maximum score estimator for the binary response model[J]. Econometrican,1992,60(3):505-531.
[95] HENDRICKS W,KOENKER R. Hierarchical spline models for conditional quantiles and the demand for electricity[J]. Journal of the American Statistical Association,1992,87(417):58-68.
[96] HALL P,SHEATHER S J. On the distribution of a studentized quantile[J]. Journal of the Royal Statistical Society(Series B):Methodological,1988,50(3):381-391.
[97] CHALLICE G,JOHNSON H. The Australian component of the 2004 International Crime and Victimisation Survey[M]. Canberra:Australian Institute of Criminology,2005.
[98] JEROMEY T. Older people and credit card fraud[J]. Trends and Issues in Crime and Criminal Justice,2007,343:1-6.
[99] HE X,SHAO Q M. A general bahadur representation of M-Estimators and its application to linear regression[J]. The Annals of Statistics, 1996,24(6):2608-2630.
[100] HANSEN J,LEBEDE S. Global trends of measured surface air temperature[J]. Journal of Geophysical Research, 1987, 92 (D11): 13345-13312.
[101] DAS R,BANERJEE M,NAN B,et al. Fast estimation of regression parameters in a broken stick model for longitudinal data[J]. Journal of the American Statistical Association,2016,111(515):1132-1143.
[102] YAO Y C. Estimating the number of change-points via Schwarz'crite-

rion[J]. Statistics and Probability Letters,1988,6(3):181-189.

[103] YAO Y C,AU S T. Least-squares estimation of a step function[J]. Sankhyā: The Indian Journal of Statistics(Series A),1989,51(3):370-381.

[104] BRAUN J V,BRAUN R,MÜller H G. Multiple changepoint fitting via quasilikelihood, with application to DNA sequence segmentation[J]. Biometrika,2000,87(2):301-314.

[105] HARCHAOUI Z,LVY-LEDUC C. Multiple change-point estimation with a total variation penalty[J]. Journal of the American Statistical Association,2010,105(492):1480-1493.

[106] VOSTRIKOVA L I. Detection of the disorder in multidimensional random-processes[J]. Doklady Akademii Nauk SSSR, 1981, 259 (2): 270-274.

[107] ZHANG F,LI Q. Robust bent line regression[J]. Journal of Statistical Planning and Inference,2017,185:41-55.

[108] TOME A,MIRANDA P. Piecewise linear fitting and trend changing points of climate parameters[J]. Geophysical Research Letters,2004, 31(2):1-4.

[109] CAHILL N, RAHMSTORF S, PARNELL A C. Change points of global temperature[J]. Environmental Research Letters,2015,10(8):1-6.

[110] KOENKER R,SCHORFHEIDE F. Quantile spline models for global temperature change[J]. Climatic Change,1994,28(4):395-404.

[111] NEWEY W K,MCFADDEN D. Large sample estimation and hypothesis testing[J]. Handbook of Econometrics,1994,4(1):2111-2245.

[112] VAN DER VAART A W. Asymptotic statistics[M]. Cambridge: Cambridge university press,1998.

[113] SOBOTKA F,KAUERMANN G,WALTRUP L S,et al. On conffidence intervals for semiparametric expectile regression[J]. Statistics and Computing,2013,23(2):135-148.

[114] ZHANG F,LI Q. cthreshER: Continuous threshold expectile regression[EB/OL]. (2016-11-10)[2020-06-16]. https://CRAN. R-project.

org/package=cthreshER.

[115] FERGUSON R, WILKINSON W, HILL R. Electricity use and economic development[J]. Energy Policy, 2000, 28(13): 923-934.

[116] SHIU A, LAM P L. Electricity consumption and economic growth in China[J]. Energy Policy, 2004, 32(1): 47-54.

[117] WOLDE-RUFAEL Y. Electricity consumption and economic growth: a time series experience for 17 African countries[J]. Energy Policy, 2006, 34(10): 1106-1114.

[118] SCHNABEL S K, Eilers P H C. Optimal expectile smoothing[J]. Computational Statistics and Data Analysis, 2009, 53(12): 4168-4177.

[119] SOBOTKA F, KAUERMANN G, WALTRUP L S, et al. cthreshER: Continuous threshold expectile regression[EB/OL]. (2014-03-05)[2020-06-10]. https://CRAN. Rproject. org/package=expectreg.

[120] MUGGEO V M. Testing with a nuisance parameter present only under the alternative: a score-based approach with application to segmented modelling[J]. Journal of Statistical Computation and Simulation, 2016, 86(15): 3059-3067.